手机视频拍摄与制作

我的视频我做主

My video
I make decision

陈学章　著

浙江摄影出版社

序言

我们正处于这样的时代——只要有一部智能手机和一个接入互联网的端口，任何人都可以利用自媒体或公众传播媒介将自己曝光于整个世界的面前，并以此获得前所未有的影响力；反之，来自互联网的信息与文化也得以顺畅地到达每个用户的终端，影响着人们的感知、交流与日常生活的各个方面，直至影响人们的意识形态与价值观。继图像之后，互联网平台的动态影像尤其是短视频已经成为点击阅读量极大的新主流媒介。相对于静态图像而言，视频的可塑性更强，也更开放和更富魅力。视频应用的拓展已经由被动接受、直接互动进化到能够承载更多信息和内容的更高级阶段，自媒体时代已是当下的现实。

至此，自主制作的原生态视频已经成为人们社交互动中新的方式、新的时尚，相信也将在不久后成为人们日常语境中的基本社交语言。仅仅依靠手机，一个人的视频叙事甚至一个人的电影都成为可能，而关于移动设备上视频的知识与技巧也就成为迈入这个领域的小而关键的门槛。在这样的时代，《我的视频我做主》手机视频拍摄与剪辑教程的应运而生，对于助推移动设备的视频应用大势，无疑是很好的事情。

本书作者陈学章先生是专业摄影领域最早、最权威的高手之一，也是一个谦和大度、交游甚广的人，我们的交情已经有三十年了。他在任西泠印社出版社编辑的几十年里，拍摄了不计其数的挂历以及发行量巨大的摄影画册，他拍过许多明星，还做过盛大的艺术个展。之后他转型开始视频作品的创作，同样得到广泛的认可，也积累了大量的经验。他技艺精湛，其视频作品较之以前的摄影作品同样出色，同样有着广泛的影响力。近些年，陈学章先生全心投入手机等移动设备视频摄制与剪辑领域的研究与实践。在本书将要面世之际，我由衷地为陈学章先生鼓掌：年登花甲，仍保持旺盛的精力，具有直面与学习新知识的勇气，更能独辟蹊径涉足全新领域，并将个人研究与实践无私地传授给大家，这是难能可贵的。在我看来，陈学章先生丰富的实践经验与他的专业知识背景，能够很好地支持他在这个独特的视频技术应用领域的研究。本书注重从实践者的角度出发开展教学和指导，这种方式也使得这部教材目的明确，并更有血有肉，确保具有实用价值。因此，不仅本人愿意认真研读本书，也会将它推荐给我的学生们作为相关领域学习的重要教材。希望有更多的人从本书中受益。

矫健
中国美术学院影视动画学院
摄影系主任
2018年4月22日

目 录
CONTENT

第一篇 认识电影 001

1. 认识电影 002

2. 电影拍摄中的推、拉、摇、移、跟及升降 005

3. 电影与视频的区别 006

第二篇 手机视频的拍摄辅助设备 008

1. 手机稳定器的使用及功能 009

2. 手机兔笼的使用方法 013

3. 手机外接镜头的运用 015

4. 外接录音设备及补光灯 017

5. 三脚架与移动轨道的使用 020

第三篇 运用APP拍摄与剪辑影片 023

1. 抖音的认识与运用 024

2. VUE的认识与运用 036

3. iMovie的认识与运用 057

4. Quik的认识与运用 084

5. 延时摄影APP的认识与运用 105

6. Splice剪辑软件的认识与运用 115

第四篇 专业的视频拍摄与剪辑APP 142

1. ProMovie的认识与运用 142

2. FiLMiC proV6的认识与运用 158

3. Perfect Video的认识与运用 176

附录 204

中国十九大领域精英联袂推荐《我的视频我做主》

记录生活点滴的美好！

丁当　著名女歌手

追风赶月莫停留，平芜尽处是春山。

大冰　著名畅销书作家

从黑白摄影、彩色摄影、数码摄影，到现在的手机视频摄影，学章老师一直探索着与时俱进！

王刚　《非诚勿扰》《最强大脑》节目总制片人

秘籍在手，神机妙用！
贺学章兄大作付梓。

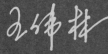

王梓夫　作家、编剧、北京人艺创作室主任

《我的视频我作主》记录生活、记述精彩，将手机变神器，分享缤纷视界。

长啸　央视新闻主播

手机视频在医疗领域的远程探视、医护、会诊、教学等方面，具有巨大的发展空间！

王伟林　浙江省特级专家、浙一医院院长

"秘籍在手神机妙用，五洲踏遍任我做主"，贺学章兄大作出版！

王敬之　行走在中国玉器文化里的学者，中国文化部艺术品评估委员会委员、玉器珠宝工作委员主任，中央电视台《艺术品投资》《寻宝》栏目专家，《一锤定音》鉴宝专家

小手机大世界，分享你、我、他！

白红标　影视演员

业精于勤——为老邻居陈学章先生之
新书《我的视频我做主》付梓点赞！

孙永　浙江画院院长、著名山水画家

天地光影，如梦如幻！

杨凡　香港著名编剧、导演

用手机视频记录当下的人生百态，
为历史刻下真实的痕迹和证据。

李杨　著名电影导演，曾执导《盲井》《盲山》《盲·道》

美丽视频，可以感动世界！

陈懿玲　2016年亚洲小姐

进入手机时代，手机视频便成为人们看世界的一双眼睛。
一本《我的视频我做主》应运而生，无疑会受到大众的
欢迎，为此我深感欣慰。

张绍林　98版《水浒传》电视剧总导演、总摄像师

用手机视频去捕捉人生旅途中的不经意。

沈国永　外交部原发言人

手机视频摄影是数字革命创新的发展，
使人人都是摄影师成为现实！

严建华　浙江大学副校长、著名学者

我的视频我做主，
你别走！

吴国平　外婆家掌门人

美在人心。

寿柏年　绿城原副董事长、大
内总管、现任绿城教育掌门人

玩是未来最大的刚需，手摄
分享你、我、他！

迎枫　中国慢生活方式的倡导人、蜗
龟猫慢生活品牌创始人

记录生活，展示美好！

杨丽萍　著名舞蹈家

手机在握，纵览天下！
记录改革开放好时光。

宗庆后　著名企业家、娃哈哈集团公司董事长

手机也能拍电影！请看
陈学章老师的书《我的
视频我做主》。

孟非　《非诚勿扰》节目主持人

分享是灵魂出窍的约会，感受是心灵触角的际会，
摄影是生活中的体会。

钟永和　台湾中华摄影艺术交流学会名誉
理事长、曾任马英九先生的人文摄影师

掌上乾坤，心中的故事。
贺学章兄新书问世。

翁持更　著名作曲家、浙江省音乐家协会主席

学章兄之手机视频艺术摄影，久已享誉圈内圈外，他独特的视角、奇妙结构和诗意的画面，无不匠心独具。

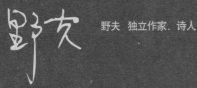

野夫　独立作家、诗人

手机也能拍电影，你能我也能！

曹卫宇　著名影视演员

看《我的视频我做主》，
能让你更艺术地展示生活中的美好！

黄力加　著名导演，曾执导《家宴》《神医喜来乐》

抱青风雅夜，我的视频我做主。

曹工化　文艺评论家、中国美术学院客座教授、浙江省文化厅民族民间文化保护工程专家委员会委员

它为您导航，用手机拍摄，记录历史、记录生活、记录您所发现的一切，让自己成为一名专业的手机摄影师。

藏金生　北影演员剧团团长、著名演员

【第一篇】

—

认识电影

—

1. 认识电影

2. 电影拍摄中的推、拉、摇、移、跟及升降

3. 电影与视频的区别

1. 认识电影

　　1905年，中国第一部电影《定军山》在北京丰泰照相馆诞生，著名京剧老生谭鑫培在镜头前表演了自己最拿手的几个片段。片子随后被拿到前门大观楼放映，万人空巷，就此宣告中国电影的诞生。

　　中国电影从无声到有声，从黑白到彩色，再到高科技多声道、环绕立体声巨幕电影，走过了百年历史。

　　数百年来，影像的世界一直以胶片作为时间轴，胶片也见证了电影的发展史。从黑白到彩色，从8毫米、16毫米，到标准的35毫米，再到70毫米，通过一卷卷胶片，人们对世界的认知有了深刻的变化。

胶片也没有辜负人们的期望，通过不断的技术改良和工业沉淀，以其优秀的感光度和迷人的画质，促进着影像的美学和表达能力不断发展。但近年来，使用胶片拍摄的电影已经越来越少。数字摄影最大的优势在于其迅捷、轻便和廉价，这也是胶片的劣势。以前拍摄一部电影，耗费的胶片是一笔很大的费用，剧组一般承受不起太多的拍摄条数。

1999年，《星球大战前传：幽灵的威胁》在美国首次进行数字商业放映时，采用了基于德州仪器公司数字光学处理芯片技术的放映机。从此，电影的信号就具备了直接进行数字传送和放映的可能。这也意味着，电影发行中的拷贝、储存、回收等耗费的巨大发行费用，能减少90%。

在胶片时代，一部90分钟的电影制作成胶片拷贝，胶片长度近3000米，一部电影需拷贝成5—6份，每份拷贝的重量可达25千克，价值近万元。若有紧急放映任务，甚至要连夜用飞机送拷贝。

IMAX胶片放映系统诞生后，程序复杂。放映《阿凡达》《变形金刚》等商业大片时，其片盘直径近1.8米，加上胶片重量，将近400千克。放映时，需4个片盘同时运作。普通放映员要上岗，需提前学习一个月，经过无数次实践后，才能保证每次放映成功。

而伴随着数字时代的来临，如今的数字拷贝，只需一个小小的U盘，即可送至各大影院，甚至可以上传至百度网盘下载，方便快捷。无论发行人员还是电影放映人员，再也无须担心胶片丢失、放映卡顿或出现损坏等问题了。

2. 电影拍摄中的推、拉、摇、移、跟及升降

推，是指观众的视线逐渐接近被摄对象，逐渐把观众的视角由整体引向局部。拉，正好与推相反，是把观众的注意力由局部引向整体，使人获得一个较为全面的印象。推、拉镜头，实际上是一种逐渐改变视距的方法，一般是将摄影机放在移动车上拍摄成的。用变焦镜头拍摄也可以获得推拉效果。

摇，是指摄影机位置不动，只是镜头变动拍摄方向。摇，可以左右摇、上下摇，也可以斜摇、转圈摇。摇镜头的作用是更好地表现空间，表现人和物在空间中的关系，可以把许多事物连起来表现。摇镜头有时也有突出主题的作用。横移镜头，是把摄影机放在移动车上，向一侧移动拍摄的镜头。横移的作用也是表现空间，能把一些事物连起来表现。横移镜头与摇镜头不同的是：摇镜头是摄影机位置不动，只改变拍摄方向；横移镜头是方向不变，只移动摄影机。

跟，是指摄影机跟随运动中的物体拍摄。有摇跟和移跟，也可以连摇带移地跟，作用是可以更好地表现运动的事物。

升降，是把摄影机摆在升降机械上拍摄。在拍摄过程中，由于摄影机的升降而不断改变视点的高度，以改变画面的空间。

电影拍摄术语释义如下：

推拉镜头（DOLLY SHOT）

　　将摄影机放在某个场景推进或拉出所摄得的镜头。推拉镜头可以把行动中的人物和景物交织在一起，产生强烈的动态和节奏感，不同的内容、情景、节奏，运用推拉镜头，可产生不同的效果。

横摇镜头（PAN）

　　摄影机在定点上，对一场面作水平运动的拍摄方式。

运动摄影（SPORTS PHOTOGRAPHY）

　　指在拍摄一个镜头时，摄影机的持续性运动。

跟拍镜头（FOLLOWING SHOT）

　　随物体移动，保持物体在银幕空间的镜头。

升降镜头（CRANE SHOT）

　　摄影机在升降机上做上下运动所拍摄的画面，是一种从多个视点表现场景的方法。其变化有垂直升降、弧形升降、斜向升降或不规则升降。升降镜头在速度和节奏方面运用适当，可以创造性地表达一场戏的情调。

　　随着科技的发展，摄影器材也得到了飞速的发展。无人机航拍将逐步替代升降机上下运动的拍摄方法。

3. 电影与视频的区别

　　以非胶片放映机播放的一切电影都是视频，但一般来说，视频有很多分类，如电影、电视、广告等。传统电影是用胶片作为载体，视频是以数字技术作为载体。现在的数字电影与视频本身没有太大的区别。

有关电影与视频的区别，笔者专门致信请教了浙江卫视原制作部主任梁小山先生。他说："随着技术的发展，特别是到了高清数字时代，电影和电视都已经在数字化旗帜下会同在一起了，数字电影是用高清数字摄影机拍摄，高清数字编辑，硬盘存储和交换，高清投影机放映。端到端都是数字信号，与胶片无关。而高清视频也是如此，高清数字摄像机拍摄，高清非线性编辑，硬盘存储和交换，数字传输和播出，高清显示。端到端也都是数字信号。两者只是在清晰度要求和经营成本上有所不同，在采用的技术细节上略有不同。"

【第二篇】

—

手机视频的拍摄
辅助设备

—

1. 手机稳定器的使用及功能

2. 手机兔笼的使用方法

3. 手机外接镜头的运用

4. 外接录音设备及补光灯

5. 三脚架与移动轨道的使用

1. 手机稳定器的使用及功能

抖动是拍摄视频的致命缺点，除非是剧情需要。

　　我们在不同的环境用摄影机拍摄视频时，需要有走与跑等动作，若摄影师单纯靠双手去操控摄影机，很容易因为身体的不平衡而使画面产生抖动，进而影响拍摄效果和观看感受。这时，就需要有一个外部设备去减缓和消除这种外力，使画面平稳顺畅。这就需要用到三轴摄影(像)机稳定器。

稳定器概述

让你更进一步了解各部位功能

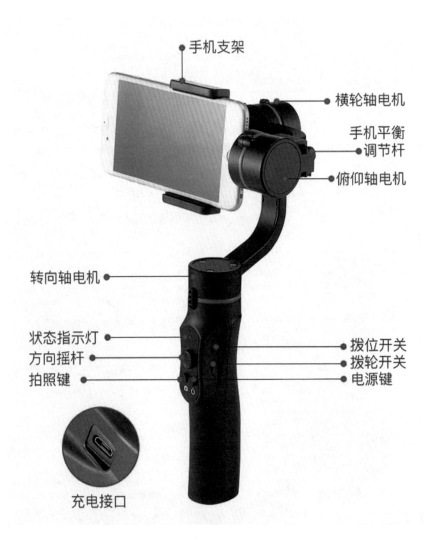

手机支架

横轮轴电机

手机平衡
调节杆

俯仰轴电机

转向轴电机

状态指示灯

方向摇杆

拍照键

拨位开关

拨轮开关

电源键

充电接口

　　配合手持稳定器，主流的运动相机、手机等摄影器材能够让摄影师在拍摄中获取更加稳定的视频素材，而且稳定器本身非常小巧、便携、易于操作。手持稳定器在弥补摄影器材本身光学防抖功能的不足的同时，还为摄影师在多场景切换中提供了更加多样化的拍摄选择。

两种需求　一机搞定

可调横臂的设计和智能匹配的算法使稳定器实现无需借助第三方夹具即可同时适配运动相机和智能手机

　　使用要领：走路要稳，尽管稳定器很擅长消除运动中产生的抖动，但这往往有利有弊，掌握好技巧能让画面效果更加流畅。手臂保持水平，拍摄时腿略弯曲，小碎步前进、后退。在前进或后退过程中，尽量保证在一条直线上，且保持步伐轻盈、平滑、连贯。在拍摄过程中要注意保持手机在同一水平高度，尽量避免过于频繁的上下悬浮振动，当然具体需根据拍摄脚本而定。

三大模式说明

不同模式有不同的用途，有更多的选择，方便快捷。

① 全锁定模式

　↓朝下
　↓朝下转到底部

② 半跟随模式

　↓朝下
　↑朝上（往上转动）
　　越往上，跟随速率越快

③ 全跟随模式

　↑朝上
　↑朝上（往上转动）
　　越往上，跟随速率越快

状态指示灯

- ● 1.蓝色：闪烁（云台接收到指令，正在执行）
- ● 2.绿色：正常工作状态
- ● 3.红色：常亮表示电压偏低，双闪表示电压过低，即将关机
- ○ 4.黄色：系统工作异常

按键说明

拍照键：连接 APP 后启动拍照与录像的功能
电源键：长按3秒左右后启动云台；再次按住3秒左右则关闭电源
摇杆说明：根据推动方向实现拍摄角度的上、下、左、右调整

2. 手机兔笼的使用方法

使用手机兔笼是走向专业化手机摄影的必经之路。随着手机像素的提升及手机软件的日渐专业化，手机摄影的配件也越来越多，如鱼眼镜头、超广角镜头、长焦镜头、微距镜头、增距镜头、偏振镜、滤片、LED闪光灯等。

科思洛兔笼手机镜头

一代/CM2　标准版配件

① CINEMAMOUNT手机兔笼 *1　　② 广角、微距二合一镜头 *1
③ 鱼眼、2倍长焦镜头各 *1　　　　④ 85 mm ND8 渐变灰 *1
⑤ 方片滤镜架 *1　　　　　　　　　⑥ 85 mm 渐变蓝 *1
⑦ 热靴转换器 *1　　　　　　　　　⑧ 镜头盖
⑨ 转接环

"兔笼"一词，来自专业视频领域，是用单反相机拍摄高清视频时的辅助设备。兔笼一般通过附加镜头、录音设备、补光灯等拓展手机的拍摄功能。除此以外，还有保持稳定性的水平仪、连接三脚架的底部螺孔、可外接各种设备的顶部螺孔，一应俱全。

手机兔笼结构示意图

一代兔笼 使用手机尺寸
最大宽度81 mm，长度160 mm。

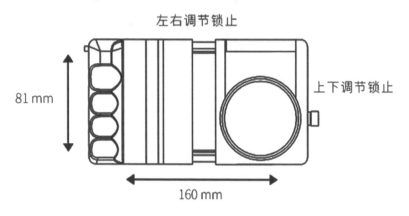

左右调节锁止

上下调节锁止

81 mm

160 mm

一代兔笼拓展功能

加装镜头

加装补光灯

加装话筒

加装滤镜

加装脚架

电影滑轨

这是手机兔笼加装配件的示意图。目前唯一的遗憾是兔笼的设计跟不上手机的双摄像头设计，如果您的手机是双摄像头的话，只能用一个。

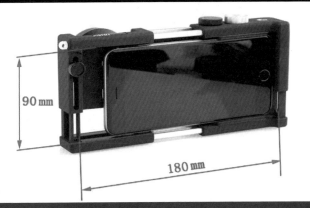

二代兔笼 使用手机尺寸
最大宽度90 mm,长度180 mm。

90 mm

180 mm

二代兔笼尺寸改变,增加了高度与宽度。

3. 手机外接镜头的运用

手机兔笼外接镜头示意图

兔笼专配有三支镜头：180度的鱼眼镜头、100度的广角镜头、2倍的长焦镜头。

右图为广角镜头兼微距镜头。

左图为2倍长焦镜头和鱼眼镜头。

4. 外接录音设备及补光灯

这是一款专为手机视频拍摄设计的通用支架。有了这个支架，你能方便地将录音话筒和补光灯安装在支架的冷靴座上，你也可以将支架固定在三脚架、滑轨、稳定器上面。

两边手柄处也有1/4标准接口，也可以竖起来拍摄，在手持跟拍时有一定的防抖效果。该设备是拍微电影、手机直播、手机跟拍、录制节目视频的利器。

两个冷靴座
顶端有两个冷靴座，可接麦克风、LED灯等

自由调节托架

1/4螺丝孔
底部有1/4螺丝接口，可以接三脚架或者单反支架等

下面的视频是在杭州国际时装周上，用此支架加上补光灯和录音设备跟拍的，同期录音效果和稳定性都还可以。

可在"美篇"APP中观看。请下载安装"美篇"APP，搜索用户编号38937787（用户名为"看天下"），即可看到按篇章顺序排列的视频。

　　VK百男大秀的排练花絮，也是用此支架加录音设备及补光灯拍摄的，大部分是跟拍镜头。

可在"美篇"APP中观看。请下载安装"美篇"APP，搜索用户编号38937787（用户名为"看天下"），即可看到按篇章顺序排列的视频。

5. 三脚架与移动轨道的使用

轨道是电影、电视、视频等拍摄中经常使用的一种辅助拍摄工具，它能帮助摄影师平稳且准确地拍摄画面镜头，而且摄影师能借助轨道车创作出不同的镜头效果，从而提高视频作品的质量。

使用兔笼外接话筒、镜头，用专业拍摄软件如FiLMiC专业版、ProMovie等拍摄时，使用三脚架配合移动轨道效果更好。移动轨道在三脚架上可做平行及纵向操作，推、拉、摇、移镜头都可完成，让你的手机视频或直播得以完美呈现。

第二代^{NEW}
60cm SLD-230W MarkⅡ
视频滑轨车

这是带有轮子的滑轨，适合放在平面上做移动拍摄，移动范围不受限制。在使用轨道拍摄时最好有前景，这样画面的移动效果会更好。

　　拍摄时，即使在平稳的运动中也会有难以察觉的细微颤动，用广角镜头和中焦镜头拍摄时是没有问题的，但用长焦镜头拍摄时肯定会出现画面的颤动。这是无法避免的，因为长焦镜头会放大这种颤动，所以尽可能不要使用长焦镜头在轨道上进行拍摄。

虽然是使用手机拍摄，但与专业电影拍摄一样，同样需要强大的配件及辅助设备支持。手机视频拍摄经济、方便、快捷，对于电影学院、传媒大学中学习影视、播音主持的学生来说，不失为一种绝佳的选择。对于淘宝店铺的商家来说，学好手机视频拍摄对于店家形象、产品介绍至关重要。

【第三篇】

—

运用APP
拍摄与剪辑影片

1．抖音的认识与运用

2．VUE的认识与运用

3．iMovie的认识与运用

4．Quik的认识与运用

5．延时摄影APP的认识与运用

6．Splice剪辑软件的认识与运用

1. 抖音的认识与运用

抖音，是一款可以拍短视频的音乐创意短视频社交软件，该软件于2016年9月上线，是一个专注于年轻人的15秒音乐短视频社区。用户可以通过这款软件选择歌曲，拍摄15秒的音乐短视频，形成自己的作品。此APP在Android各大应用商店和APP Store均有上线。

抖音与小咖秀类似，但不同的是，抖音用户可以通过设置视频拍摄速度、视频编辑、应用特效（反复、闪一下、慢镜头）等技术让视频更具创造性，而不是简单地对嘴型。

抖音平台都是年轻用户，配乐以电音、舞曲为主，视频分为舞蹈派和创意派两派，共同的特点是都很有节奏感。

在这段抖音视频里，后期加上特效"抖动"效果。

可在"美篇"APP中观看。请下载安装"美篇"APP，搜索用户编号38937787（用户名为"看天下"），即可看到按篇章顺序排列的视频。

　　首先在应用市场或者下载中心找到"抖音"，用手机号码注册，输入手机号码后会收到短信验证码，然后完善自己的主页信息（生日和昵称等），点击相机按钮进入自己的手机相册，挑选一张自己喜欢的照片。

注册完毕后，可以点击右上角的"分享主页"按钮，将主页分享到各种社交平台。

　　点击右上角的"👤＋"符号，可以从通讯录导入注册过抖音的好友，并且观看好友创作的作品，也可以邀请QQ好友和微信好友进行互动。

点击右上角"…"符号，有编辑资料、钱包、设置、取消等项目。

这是个人注册信息页面，选择保存。

回到自己的主页，点击"开拍＞"开始拍摄你的短视频。

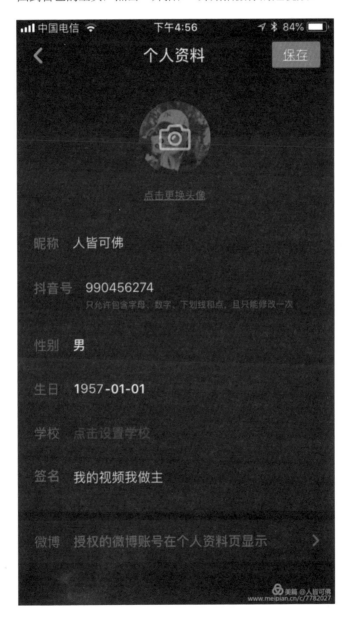

先介绍一下如何从手机相册导入视频，点击左上角的"上传"按钮，选择一个自己喜欢的视频。有些手机界面有所不同，"上传"按钮在右下方。

　　在导入视频后的页面黄色框内，用手指拖动黄框来剪辑你导入视频的长度，一般来说不能大于15秒。剪辑完成你的视频长度后，可以在极慢、慢、标准、快、极快的选项里调整视频的速度。

　　注意：选择标准之外的选项时，同期录音的音频都会变慢或者变快。完成后点击右上角的"下一步"。

在这个页面右上角有三个选项：剪音乐、音量、选音乐，可根据自己的喜好选择。在左下方的"特效"里有8种"滤镜特效"可供选择，其中的"时间特效"有三种可供选择。完成后点击右上角"保存"按钮回到上一页，然后点击左下角"选封面"选择一个适合视频的封面。最后在"滤镜"选项中为完成的视频确定一种颜色风格，有32种颜色可供选择。

完成后在右下角点击"下一步"，然后进行发布，也可以选择把视频保存在本地（相册）。

这段抖音视频用了延时摄影的技巧，并配上了音乐。

可在"美篇"APP中观看。请下载安装"美篇"APP，搜索用户编号38937787（用户名为"看天下"），即可看到按篇章顺序排列的视频。

这段抖音视频除了应用特效"抖动"，还加了时间特效"时光倒流"及"黑白"滤镜效果。

可在"美篇"APP中观看。请下载安装"美篇"APP，搜索用户编号38937787（用户名为"看天下"），即可看到按篇章顺序排列的视频。

抖音视频需要音乐的节奏与人物的动作和表情合拍才会完美，所以选择适合自己表演的音乐风格很重要。抖音里音乐类型有很多，你可以在平时把适合自己风格的音乐收藏起来，这样就不会到开拍的时候还因为要找音乐而浪费时间了。选择好音乐后点击"确认使用并开拍"按钮即可。

2．VUE的
认识与运用

　　VUE是什么APP？大家应该经常在朋友圈里看到不少VUE小视频，而且看起来非常不错。VUE是一款拍摄制作短视频的软件，是拍短视频利器，能够分镜和剪辑，添加滤镜、音乐、字幕，等等。下面就来介绍一下VUE这款短视频制作软件。

2018年3月30日，首届淘宝内容生态盛典在杭州举行。当天，淘宝内容生态总监闻仲宣布，在过去一年中，淘宝已汇聚160万名内容创业者，他们通过直播、短视频、图文的方式为商家创造了巨大价值，而淘宝也给予他们丰厚的回报，一年内，他们通过淘宝分享了近30亿佣金收入。VUE软件正是拍摄制作短视频的利器。在朋友圈刷存在感的时候，如果你自己有产品，VUE是推广品牌形象最好的选择。

这是用VUE拍摄的酒类产品广告，时间是10秒，可以分享到你的朋友圈。对于超过10秒的视频，VUE软件不支持分享到朋友圈，但可以分享到自己建的群，时间不能超过5分钟。

可在"美篇"APP中观看。请下载安装"美篇"APP，搜索用户编号38937787（用户名为"看天下"），即可看到按篇章顺序排列的视频。

利用VUE修改视频

一位朋友将上面这段视频发给我，请我修改。

对页是修改完成的视频，步骤如下：

1. 首先把视频导入VUE的编辑页面。

2. 改变原视频的画幅。

3. 去除原视频的杂音。

4. 为视频添加滤镜。

5. 画面调节，包括对比度调整、色彩饱和度调整、色温调整、画面四周暗角调整、锐度调整。

6. 在原视频中鸟儿是起飞状态，这里通过倒播功能变成鸟儿落地。

7. 配上音乐（剪辑音频，音乐结束时，画面中鸟儿落下）。

8. 打上字幕。

可在"美篇"APP中观看。请下载安装"美篇"APP，搜索用户编号38937787（用户名为"看天下"），即可看到按篇章顺序排列的视频。

1. 首先认识一下界面，VUE的界面十分简洁，功能也不复杂，包括即时的视频滤镜、分段（分镜头）录制以及后期的剪辑和编辑处理。VUE的优点是化繁为简、易于操作、方便快捷，是手机拍摄视频用户的首选。手提袋标志"🛍"为"补给站"，点击后会看到里面的内容。

2. "补给站"里有滤镜、贴图、音乐、水印创作套件，有些需要花钱购买，有些是免费的。

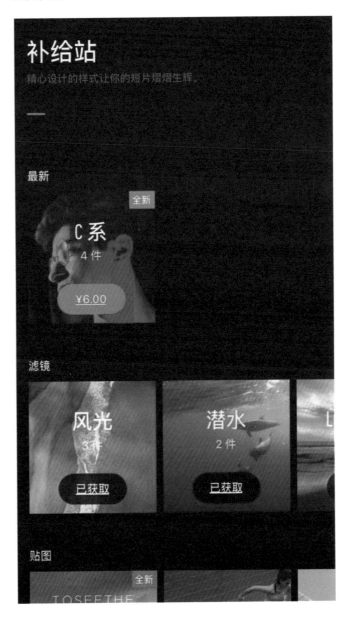

3. 点开第二个图标是每日精选视频，里面有全世界各地VUE用户拍摄的视频，可供学习、借鉴。

4. 点开第三个三原色图标，里面有几十种滤镜效果及黑白和不同颜色风格的元素可供选择，可根据个人拍摄的影片内容选择符合影片风格的色调。

5．点开第四个图标可调整所拍摄的视频镜头速度，并提供美肤功能，还可以在常见问题中得到实际操作中遇到的问题的解答。

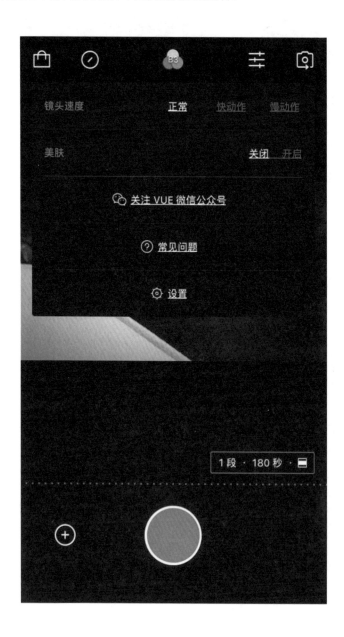

6．点开设置后可设置你的滤镜、画幅、分段镜头数、时长（最长180秒）等。需要说明的是，VUE拍摄时长超过10秒是不能分享到朋友圈里的，但可以在群里分享。

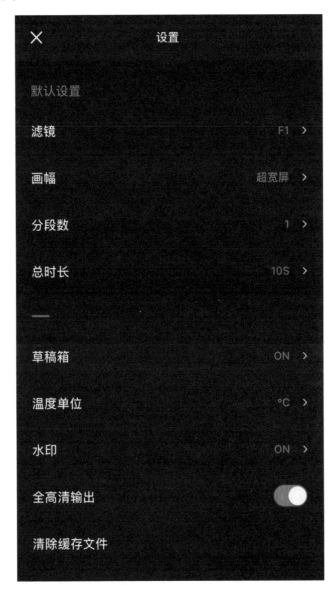

7. 点开第五个图标是前置摄像头。

8. 以拍摄时长为10秒、分三段镜头的视频为例：点击三原色的图标后，选择滤镜F1，画幅选择圆形，设置时长为10秒，分三段拍摄。

这是设置好的界面，按红色按钮开始拍摄。

拍摄完成后可进行分段画面调节，从左到右依次为亮度调整、对比度调整、色彩饱和度调整、色温调整、画面四周暗角调整、锐度调整，按确定键完成。

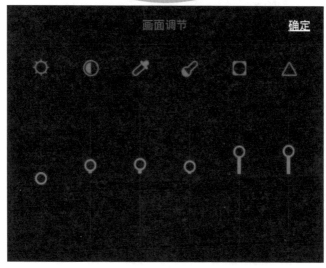

　　画面调整后，可分段调整声音、滤镜、字幕、倒放、变焦、删除等选项，按确定键完成。

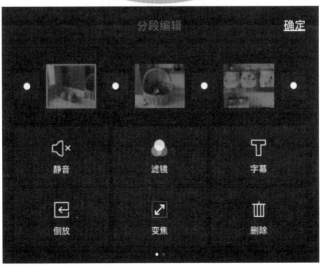

画面分段调整完后，可选择为画面配乐。VUE自带的音乐有很多，可根据自己拍摄的影片风格找到符合影片情节的音乐，也可以在iTunes选项中选择手机下载的音乐，按确定键完成。

这是最终制作完成的60秒VUE风光片，画面的推、拉镜头都是在VUE软件中完成的。

可在"美篇"APP中观看。请下载安装"美篇"APP，搜索用户编号38937787（用户名为"看天下"），即可看到按篇章顺序排列的视频。

影片完成后的界面就是分享到朋友圈、微博、微信等，超过10秒的视频需要链接地址，分享比较麻烦，如果你的朋友没有下载VUE是无法打开的。

#madewithVUE

点击复制标签，分享时请粘贴我们的标签。

FOOTAGE　　IG　　朋友圈　　微博　　微信　　更多

完成

再次编辑

还可以在"更多"图标中选择存储你的影片，影片就在你的相册里面了，可以分享至你的群里且不限时间。

FOOTAGE——分享和发现VUE视频

FOOTAGE是精心打造的高品质短视频社区，是 VUE 视频最理想的分享和发现平台：上传你的高清VUE视频，你生活中的每一个生动细节都得以妥善保存；专为视频分享设计，FOOTAGE不但让你的每一条 VUE 视频完美呈现，也能及时反馈每一

次互动，可以欣赏来自全球 VUE 用户的精彩作品，发现更生动的世界，同时了解更多创作技巧。

FOOTAGE中只有通过VUE剪辑的视频才可以分享，时间最长是3分钟，优点是没有广告插播，并且可以与VUE用户互动。

作者VUE作品欣赏

可在"美篇"APP中观看。请下载安装"美篇"APP，搜索用户编号38937787（用户名为"看天下"），即可看到按篇章顺序排列的视频。

中国电信 下午7:15 66%

人皆可佛

@jeep008

手摄

1 0 0

正在关注 关注者 比心

邀请好友关注我

24

4月 2018 ⊙ 大理国际艺术家园区

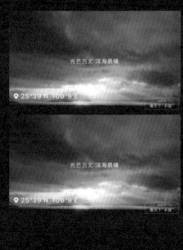

VUE是一个可以编辑、拍摄手机视频的软件，如果想获得更多的音乐、滤镜、贴图、水印创作套件，可以根据自己的需要购买。

3．iMovie的
认识与运用

iMovie是一款简单的视频剪辑软件，通过iMovie可以将采集的视频、图片或者声音进行剪辑，制作成视频短片。软件提供了很好的转场和字幕主题，尤其是预告片的模块化设计可以帮助用户方便、快速完成影片，虽然可自定义的空间不大，但使用官方提供的主题已经可以让视频变得非常酷了。

点开iMovie界面，上面有三个选项——视频、项目、影院。点开项目选项后，出现新建项目：影片、预告片。

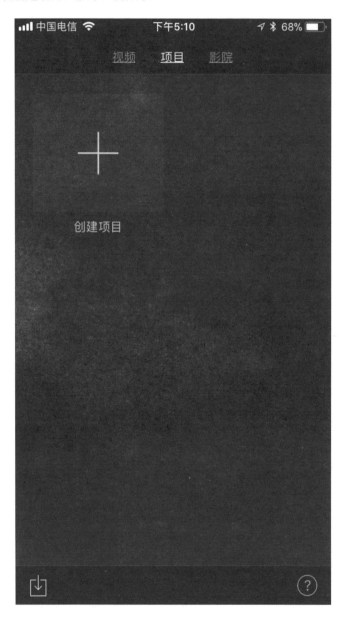

影片与预告片的区别是，影片的自由度较大，它可以任意选择长度，用照片、音乐制作你喜欢的电影，而预告片是模块化的设计，自由选择空间不大，且必须是在软件的规定模式中完成，但是方便、快捷、易学。

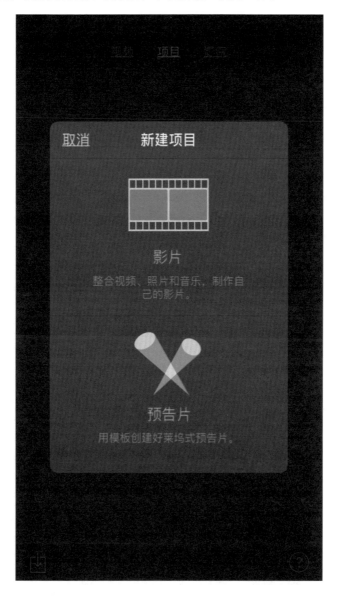

下面首先介绍iMovie的影片素材导入。点击新建项目的影片图标，进入你的媒体图库，就可以看到你手机拍摄的视频片段，点击你所选择的影片后选择创建影片。这个界面就是你所选择导入的影片。

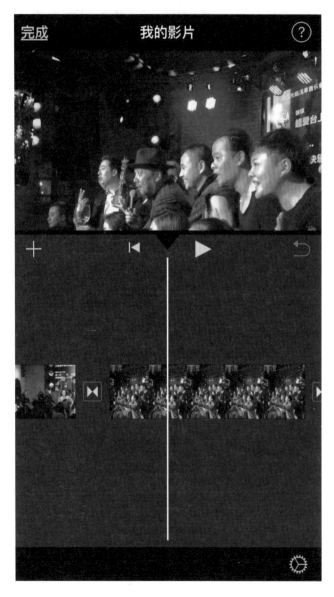

影片导入后可通过符号"+"继续导入媒体库的其他影片，在剪辑前可以在界面的右下方点击更改主题设置。

在这个设置里面，可以选择自己的影片滤镜及主题音乐，并把主题音乐、从黑色淡入、淡出到黑色、速度改变音高的开关打开。

现在我们可以剪辑自己的影片片段，点击影片的片段会出现黄色的框，可以用手指拖动两端来剪辑影片长度。

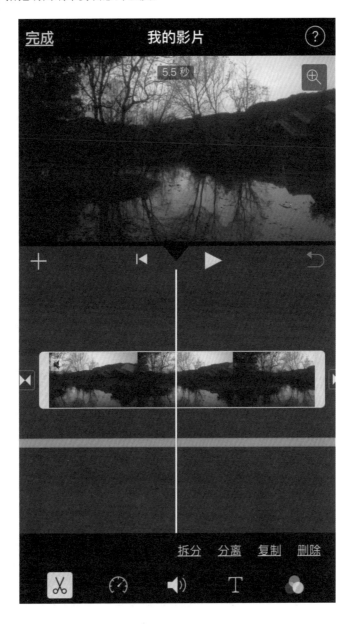

如果片段过长，可以把片段进行拆分，如图所示，把时间线移到需拆分的片段，点击下方拆分的图标，影片就分割开了。

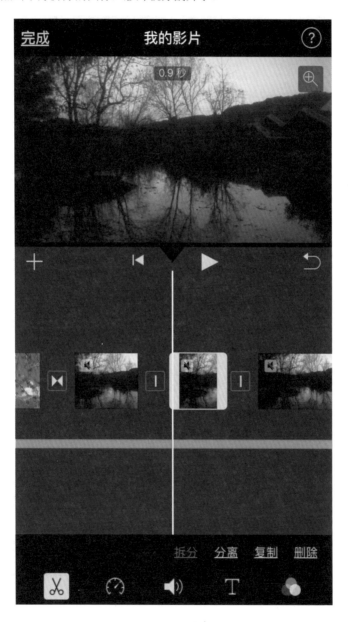

如果不需要影片录制时收进的杂音，就可以点击分离按钮，从影片的片段里把音频文件分离出来。

影片的片段也可复制，点击复制按钮就可以了。

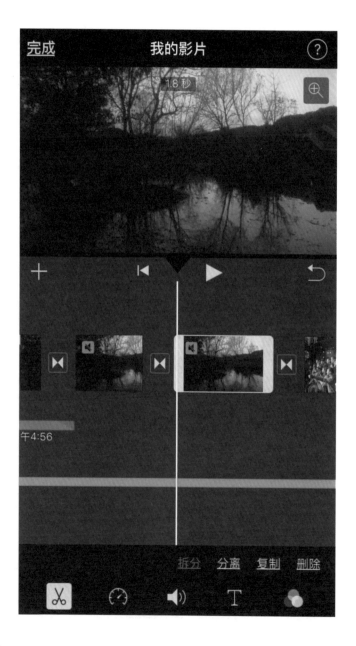

可根据剧情的需要来调整影片的速度，可点击速度按钮（乌龟与兔子）调整影片的速度。

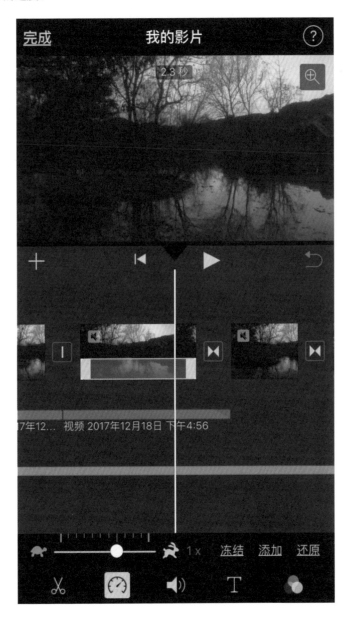

也可以调节影片的声音大小或调成静音模式，点击喇叭按钮即可调整。

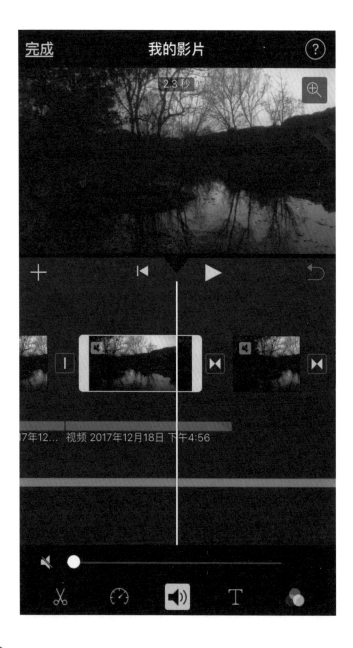

可为影片的故事内容加上文字，点击"T"按钮即可进入文字编辑模式。

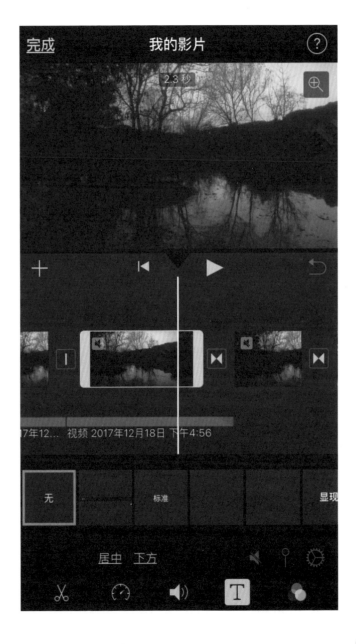

最后可以对影片的色调进行调整，点击三原色按钮会出现多种滤镜效果供选择使用。

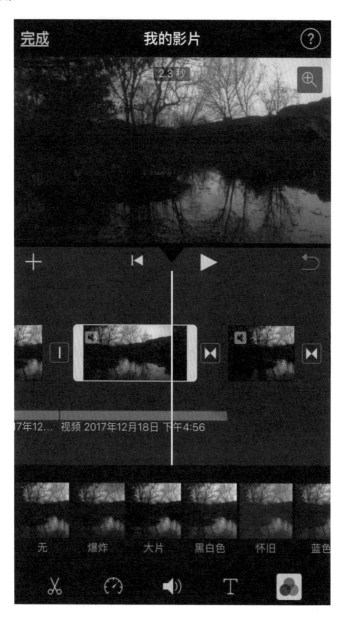

所有影片片段调整完毕后，点击左上方的完成键，返回新建项目中。

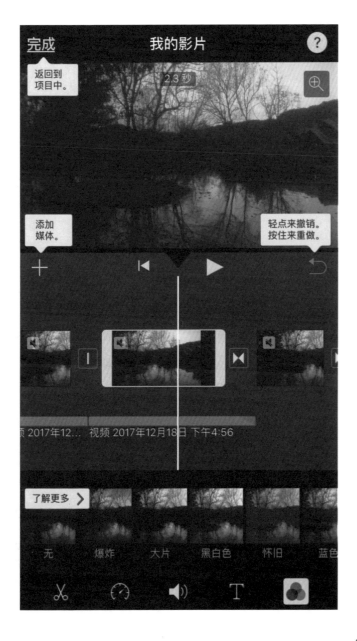

在完成的项目中可点击播放按钮，查看剪辑的影片效果，如果不满意可点击编辑按钮重新剪辑。

如果确认了影片效果，可以点击向上的箭头导出影片。点击存储视频按钮，属于自己的影片完成了！

下面我们来看看iMovie预告片的界面，用模块来创建预告片。

点击预告片后，我们可以看见模块式的界面，有宝莱坞、独立制片、家庭、冒险、侠盗等模式，我们以宝莱坞模式为例。

进入宝莱坞创建模式后，可以看到大纲与故事板这两个板块，我们先在大纲上修改自己的影片名称、标志风格（影片开头的片头）、制片厂名称、导演、摄影指导、化妆、道具、编剧、美工，等等。

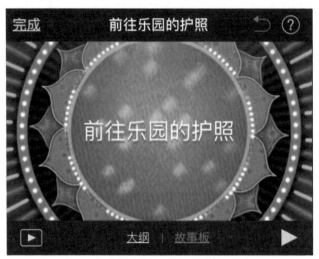

　　点击故事板进入模块式剪辑，注意模块上片段的秒数，不管你拍摄的片段有多长，导入模块的时间长度是有限制的。模块上标有群景及动作等其他提示，这是提示你导入影片的内容，以免雷同而导致完成的影片没有节奏。

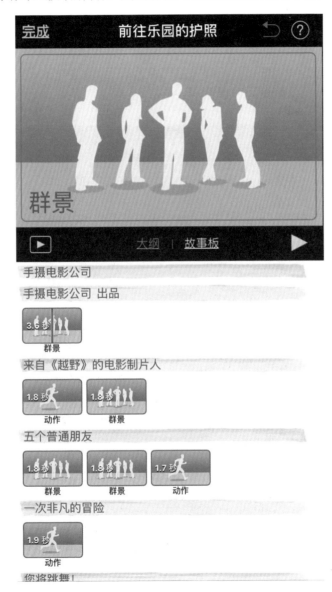

点击第一个模块可以看见你的媒体库，选择你的影片素材。

选择一个你认为适合模块上要求的影片，点击"+"导入影片。

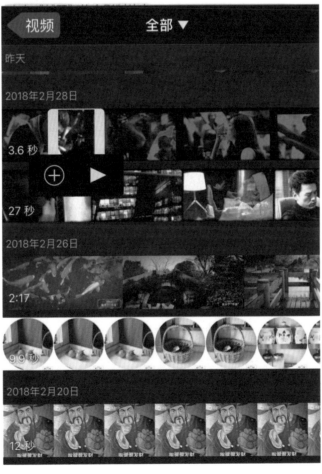

进入影片导入的界面，然后依次导入其他影片。

手摄电影公司

手摄电影公司 出品

群景

来自《越野》的电影制片人

五个普通朋友

一次非凡的冒险

动作

您将跳舞！

选择完成后，属于自己的影片就剪辑完了。按播放按钮可以预览影片，如果不满意，可点击编辑按钮重新剪辑。最后点击导出按钮导出你的影片。

可将影片存储至相册里，也可发到QQ或微信等社交媒体平台上。

作者用iMovie预告片制作的影片欣赏

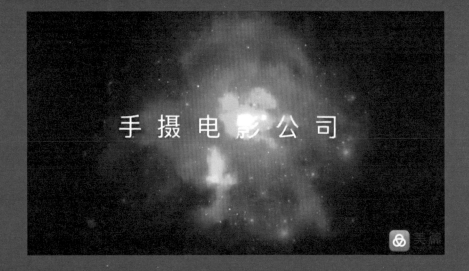

可在"美篇"APP中观看。请下载安装"美篇"APP，搜索用户编号38937787（用户名为"看天下"），即可看到按篇章顺序排列的视频。

4．Quik的
认识与运用

　　Quik是由户外运动巨头GoPro推出的一款电影级视频APP，是一种能够自动创建精彩视频的最快速、最简单的方式。Quik会自动分析你的照片和视频剪辑的片段，只需几秒钟，就能找到最精彩的瞬间！同时，Quik还可以为视频与照片增添精美的过渡和效果，并按照音乐节拍同步所有内容。

可在"美篇"APP中观看。请下载安装"美篇"APP，搜索用户编号38937787（用户名为"看天下"），即可看到按篇章顺序排列的视频。

Quik界面非常简洁，首先点击右上角的设置。

设置为1080p高清保存视频、以60 FPS（即每秒60帧）保存视频，每周闪回通知。

点击界面下方的"+"进入媒体库（相册），导入视频或照片。

　　你可以在24种视频编辑风格模块中自由选择。利用文字、音乐、滤镜、图形等功能来讲述属于你自己的故事作品，并与所有人分享。Quik无疑是目前最为简洁、精美、便捷的电影级视频制作APP。在视频编辑风格模块中，你可以通过点击矩形图标进行即时预览，计算渲染的过程非常快，当然这也可能取决于设备性能，选定风格之后即可进入选择配乐的阶段。

Quik提供了多达70首音乐，分别按照适合当前照片和视频风格、新旧程度来排列，新的音乐需要从云端下载。

也可以在"我的音乐"中选择手机里已下载保存的音乐，也可以点击关闭音乐或静音。

点击播放图标还可以决定配乐的开始和结束时间。然后你可以针对选定的图片或视频进行逐帧编辑，调整顺序，甚至包括片头的题目与片尾的移除。长按选中素材可以随意拖动顺序，点击素材会出现添加文字、聚光、调焦、移除和复制按钮。

在这个界面中，我们可以对影片的片段进行调整，尤其是亮点功能特别强大，它可以在影片的时间线打上记号，Quik会自动计算影像、音乐、转场特效的最佳效果。

图例：亮点在影片片段上的记号。

　　只需几秒钟，Quik就会自动分析你的照片和视频剪辑来找到最精彩的瞬间，增添精美的过渡和效果，并按照音乐节拍同步所有内容。

通过Quik还可以调节音量、调整速度、调整适合画面、复制影片的片段、计速。

点击文字图标，可以输入字幕。

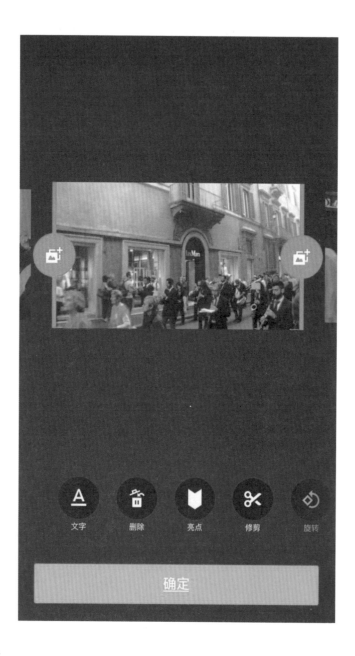

点击修剪图标，可以根据主题来修剪影片的长度，用手指移动黄色框即可。

在这个界面中，点击扳手图标。首先可以调整影片的格式。

可选择胶片、正方形、竖向这三种画面模式。

点击持续时间图标，可调整音乐声音大小。

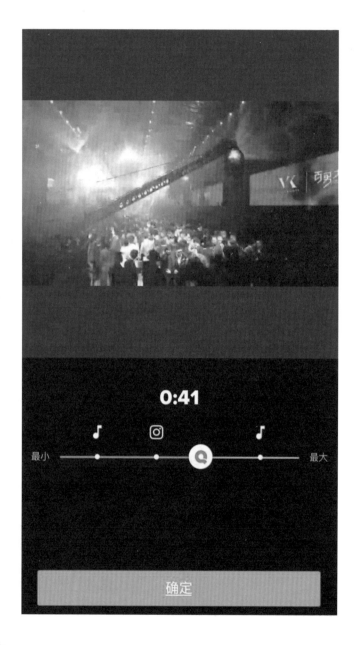

点击音乐开始图标，可以调整音乐的开始与结束时间。

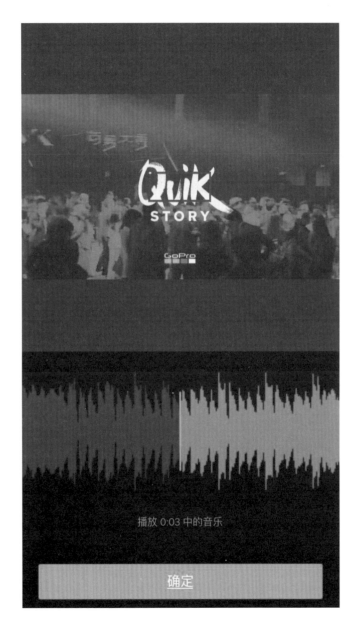

最后点击保存影片，并点击向下的箭头，将其导入照片库里。

保存成功，你的影片就大功告成啦！

成功了！

再次分享

完成

🔒 人们只能通过链接查看您的视频

可在"美篇"APP中观看。请下载安装"美篇"APP，搜索用户编号38937787（用户名为"看天下"），即可看到按篇章顺序排列的视频。

5. 延时摄影APP的
认识与运用

　　延时摄影又名缩时摄影(Time-lapse photography)，还称缩时录影，是一种将时间压缩的拍摄技术。拍摄一组照片或视频，后期通过照片串联或是视频抽帧把几分钟、几小时甚至是几天或几年的过程压缩在一个较短的时间内以视频的方式播放。在一段延时摄影视频中，物体或者景物缓慢变化的过程被压缩到一个较短的时间内，呈现出平时用肉眼无法察觉的奇异精彩的景象。延时摄影可以被认为是和高速摄影相反的一个过程。延时摄影通常应用在拍摄城市风光、自然风景、天文现象、城市生活、建筑制造、生物演变等题材上。

打开延时摄影大师APP，点击"+"图标。

点击摄像头图标，打开电影模式。

电影模式打开后，画面中出现上下两道黑边。

点击相机图标，选择4K、1080p或720p。手机如果不支持4K模式，请选择1080P以下模式，目前iPhone 8、iPhone X是支持4K模式的。

设置间隔时间和拍摄时长。间隔时间可以在1秒到1分钟之间进行设置。延时摄影是将定时拍摄的图片合成每秒30帧的视频，因此需要根据拍摄对象的运动情况来决定间隔时间。对于运动比较迅速的场景，设置间隔时间短一些；对于缓慢变化的场景，比如无风的天气、天上缓慢运动的白云，则需要设置5秒以上的间隔时间。

拍摄时长是指从开始拍摄到结束拍摄所需要的时间。一旦达到设定的拍摄时长，程序便会自动停止拍摄。当然在拍摄过程中的任意时刻，都可以手动停止拍摄。当设置好拍摄时长后，程序会自动显示最终视频的长度。也可以将拍摄时长设置为无限，即手动停止。如果要使用一边拍摄，一边自动拉近镜头的功能，则必须要设置一个拍摄时长。

　　由于手机拍摄模式是程序自动控制，所以白平衡、曝光、对焦方式需要锁定。当不锁定时，白平衡、对焦和曝光都是由相机自动根据当前被摄对象进行调节。根据需要，可以对其中某项进行锁定。注意：如果不清楚锁定对于拍摄有什么后果，就不要轻易尝试。

曝光调节。调节曝光量，可以在-3V到+3V之间进行调节。其效果是调节照片的亮度。对于日出等比较明亮的对象，为了表现天空云彩的颜色，可以适当降低曝光量，拍出的色彩更加丰富。这需要摄影师根据实际情况来进行判断。

设置镜头拉近效果。如果设置了镜头拉近，程序每拍一张照片后就会自动将镜头拉近一点，最后出来的视频效果就好像是一边拍摄，一边在"飞向"拍摄目标，很炫的效果，不妨一试。

点击右侧的"  "按钮，可以设置快门速度及ISO感光度。

所有设置完成后，就可以开始拍摄了。

延时摄影的一些小提示：

▲ 一定要固定好手机，可以用三脚架、自拍杆、木棍、手机座……想用手举着几十分钟拍摄出稳定的视频是绝对不现实的。在有风的环境下，如果手机没固定好，拍出的视频都会抖动。

▲ 手机要充好电，最好备上移动电源。

▲ 手机要有足够的存储空间。

▲ 手机开启飞行模式，防止电话进来打断拍摄。

拍摄完成后勾选视频。

然后点击合并视频按钮。

延时摄影完成，进入编辑界面，配乐、配文字。

选择背景音乐。

返回	背景音乐	本机乐库
▶ 清除背景音乐 清除已设置的背景音乐		使用
▶ Sleep Jake YouTube Audio Library		使用
▶ End of Summer YouTube Audio Library		使用
▶ Forbidden Nights Kristifor		使用
▶ Song of the sea Kistol		使用
▶ Enchanted Tiki 86 cynicmusic.com		使用

填写作品名称、片尾署名。

取消		确定
作品名...	作品名称	
片尾署...	片尾署名	

最后点击向上的箭头导出影片。

可将视频存储在手机相册里，也可以分享到朋友圈、微博、QQ好友等社交网络平台。

作者的延时摄影作品欣赏

可在"美篇"APP中观看。请下载安装"美篇"APP，搜索用户编号38937787（用户名为"看天下"），即可看到按篇章顺序排列的视频。

6. Splice剪辑软件的 认识与运用

　　Splice视频编辑APP是一款非常强大的手机视频编辑制作软件，它和Quik来自同一个开发商。用户可以通过这款软件轻松地对视频进行编辑，可以自由灵活地调节视频的播放速度，让视频变得更加连贯精美。

Splice视频编辑APP介绍：

+ 自动按音乐的节拍同步视频。

+ 应用滤镜，调整背景颜色、方向等。

+ 添加标题幻灯片、文本覆盖层和自定义片尾字幕。

+ 为快动作或慢动作调整播放速度。

+ 修剪、剪切和裁剪照片和视频。

+ 选择过渡样式并控制过渡之间的速度。

+ 通过平移和缩放效果让照片栩栩如生。

在数字摄影革命的时代，用什么载体（高像素的数码相机或湿版摄影）并不重要，关键是你想要表达什么。手机拍摄完全可以！你的看法与想法很重要！

我们先欣赏一下用iPhone 8拍摄
并用Splice剪辑的影片片段。

可在"美篇"APP中观看。请下载安装"美篇"APP，搜索用户编号38937787（用户名
为"看天下"），即可看到按篇章顺序排列的视频。

首先我们点开Splice，进入界面后，在右上角点击"+"导入影片素材。

进入手机拍摄的视频图库。

勾选要导入Splice剪辑的影片，点击添加导入。

在添加音频界面选择右上的"跳过",进入项目命名及相关设置后,点击右上角的"完成"。

项目设置 ^	完成
项目名称	项目 7
版式方向	横向
背景颜色	■
默认过渡	交叉淡化
过渡时长	1 秒
照片时长	4.5 秒
片尾字幕	开
照片运动 (Ken Burns)	开

进入剪辑界面，有编辑视频、复制、删除功能。左右的"+"可以分别在视频前后添加视频与照片。

完成后，点击编辑视频选项进入剪辑界面，在下方有6个选项：剪切、滤镜、速度、字幕、缩放、声音。在剪切的界面里可以用手指拖动两端或一端来调整影片的长度，非常方便。

在剪切选项里可以剪掉中间部分，用手指拖动蓝色框来选择去掉影片中的某一段。

在滤镜选项里，共有12种不同颜色的滤镜可供选择。

在速度选项里，可以改变影片的速度，最快可以提速2倍。

在字幕选项里，共有16种颜色可以选择，并且可以通过手指捏合、缩放、移动来调整文本的位置，但不支持中文字体如楷体、宋体等。

在缩放选项里，可以放大影片局部，打开运动开关，用手指在下方的原文件上缩放、捏合或拖动位置。

在声音选项里可以改变音量大小，也可以设置为静音。一般来说，设置声音为淡入淡出。

关于影片的片段之间的过渡，有7种效果可供选择。

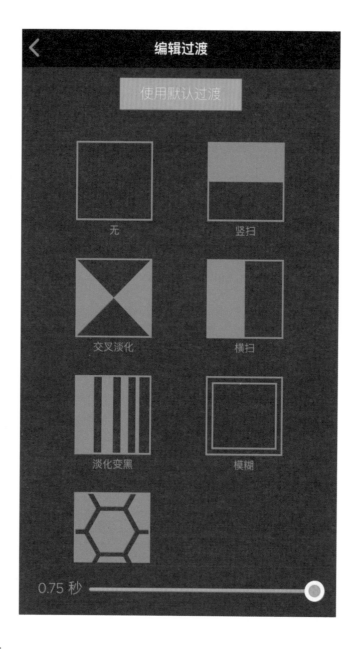

在影片的片段里增加标题文字。

在音频选项里可以选择两条音频文件，点击"+"，里面有16种风格的音乐元素，共上千首单曲可供使用，但必须在网络环境中下载。点击红点符号可以录制画外配音。

音乐库界面。

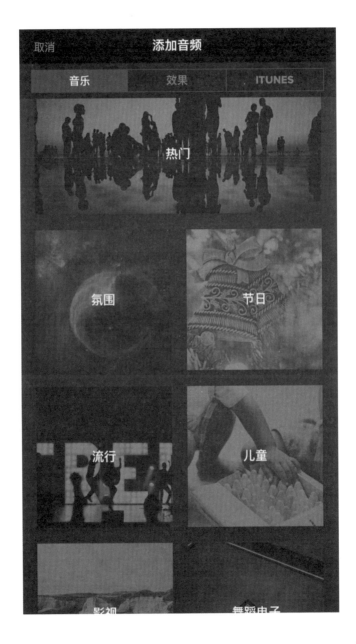

音乐库每个主题里面有上百种音乐，但没有中文标题，无法预听，必须下载后才能听到声音。在效果里面有几十种音效，有中文标签，方便为影片增添音效，点开后马上可以听到音效。

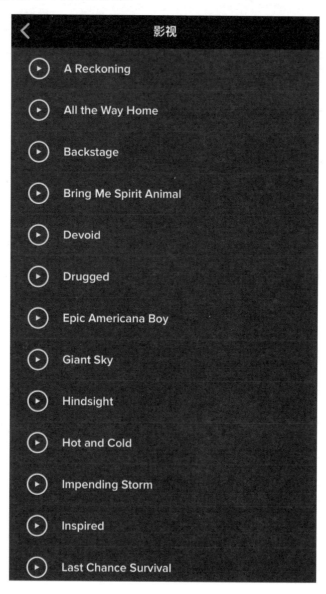

　　选项iTunes中的音乐可从苹果公司的网站免费下载取得，也随所有的
Macintosh电脑与一些iPod附带在Mac OS X系统中。iTunes也是苹果电脑的
iLife多媒体应用程序套件的一部分。

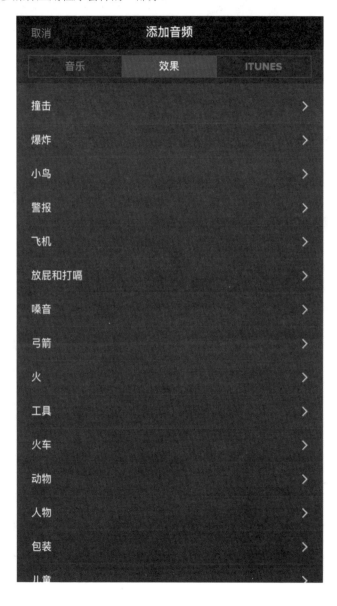

所有的剪辑完成后点击右上角向上的箭头导出影片。

在这个界面里点击存储按钮。

选择1080p高清晰度。

电影完成后就存储于你的手机相册。

作者用Splice剪辑所成的视频欣赏

可在"美篇"APP中观看。请下载安装"美篇"APP，搜索用户编号38937787（用户名为"看天下"），即可看到按篇章顺序排列的视频。

Splice软件操作方便快捷，有众多音效、音乐可使用，这是其他软件所没有的，并且有两条音轨，录音功能很棒。当然与Perfect Video剪辑软件相比，Splice还有很多不足，比如字幕没有动画功能，也不能设置起始时间、不能调色、不能倒放、不能调整曝光，等等。在第四篇，我会介绍专业的Perfect Video软件。

【第四篇】

—

专业的视频拍摄与剪辑APP

1．ProMovie的认识与运用

2．FiLMiC proV6的认识与运用

3．Perfect Video的认识与运用

1. ProMovie的认识与运用

　　ProMovie是一款功能强大、简单易学的专业级视频拍摄软件，它专门为iPhone和iPad设计，你可以通过手指掌控曝光、对焦、帧率和拍摄。

+支持4K(3840×2160)视频拍摄（iPhone X/8/7/6s/）等

+支持3K(3200×1800)视频拍摄

+支持iPhone 6/5s

+支持双摄模式、广角镜头、长焦镜头模式切换（iPhone X/8/7）手机

+支持HEVC(iPhone 7及较新的设备/需要iOS11以上）和H.264视频编码

+支持最高120 Mb/s编码率的高画质视频拍摄

+手动控制曝光、快门、感光度、对焦和白平衡

+支持16：9视频画面比例

支持附件

+外接麦克风（Lightning接口/耳机接口）及立体声录音

+外接显示屏（连接于Lightning至HDMI/VGA转换器）

+音频功能：

通过耳机实时监控音频

在屏幕上显示音量指示

音频增益调节

支持音频格式：256 kbpsAAC、16-bitPCM

支持的音频采样率：22.05 kHz、44.1 kHz、48 kHz

首先打开ProMovie的界面，左上角第一个选项是全屏模式，共有三种模式供摄影师选择。这是第一种全屏模式，操作数据在画面上。

这是第二种全屏模式，操作数据在黑框中，非常清晰，我个人喜欢这种模式。

这是第三种全屏模式，所有操作数据隐藏，画面铺满整个屏幕。

第一项全屏模式设置完了，可以选择第二项的齿轮"⚙"进行操作设置。

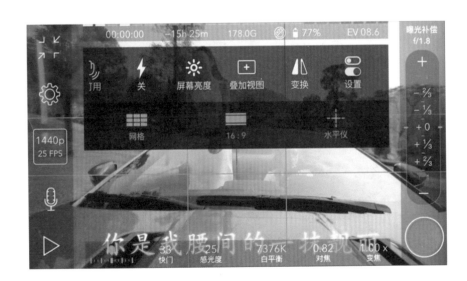

打开显示相机信息开关，打开自动隐藏开关，根据需要进行设置。

网格选择黄金分割线，颜色可以选择。

裁切参考线选择16：9。

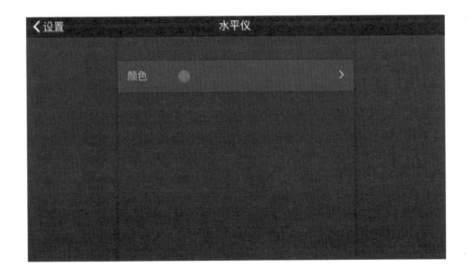

水平仪颜色有很多种，可根据自己的喜好选择。

在高级选项里，把变焦开关打开。注意：如果不打开是无法变焦的。

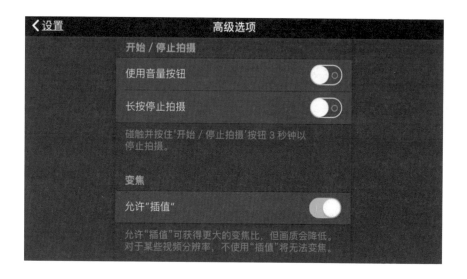

在变换选项里，可以选择竖直翻转、倒置、水平翻转的画面模式。

在叠加视图选项里，可以看到水平仪、画面比例、网格线的叠加颜色效果。

在屏幕亮度选项里，可以调节亮度，确保在明亮的环境中观看场景。

点击闪电的符号，可以根据需要打开你手机上的闪光灯。

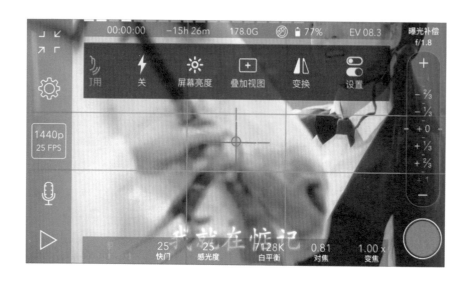

在切换镜头选项里，可以选择长焦、广角、双摄、自拍和后置镜头。
注意：如果你的手机没有双镜头，则无法支持"双摄"模式。

在齿轮下面的选项里，可以确定拍摄的影片的画面比例、分辨率、帧率、画质。

注意：如果你的手机没有4K功能，则不显示4K选项。

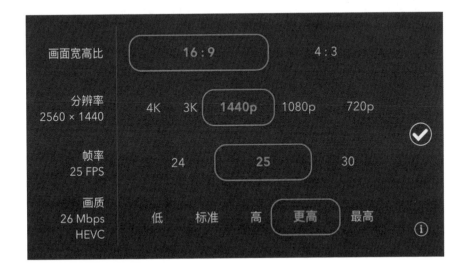

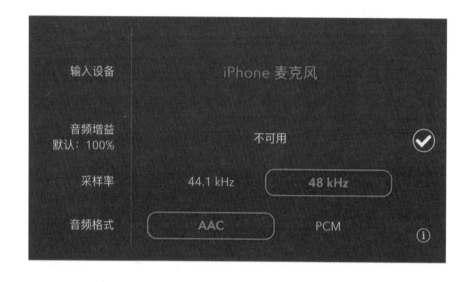

在录音话筒选项里，可以选择采样率、音频格式。

比特率不一定越高越好，但同一种格式的文件，比特率应该是越高越好的，但256的AAC音质是比320的MP3要好的，而且所占空间小，更接近于无损。

16位PCM 编码常用于电脑多媒体声音文件，采样率44.1 kHz，音质好。

采样率一般分为22.05 kHz、44.1 kHz、48 kHz三个等级，22.05 kHz只能达到FM广播的音质，44.1 kHz则是理论上的CD音质界限，48 kHz则更加精确一些。

屏幕下方有6个选项，分别为曝光补偿、快门、感光度、白平衡、对焦、变焦倍数。

曝光补偿有正负两档。

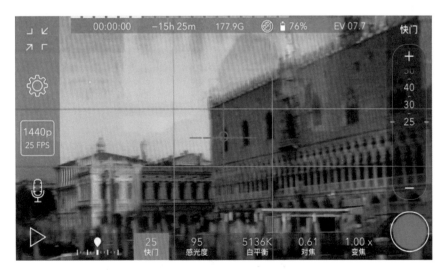

快门可以从25调到8000。

感光度可以从20调到2000。

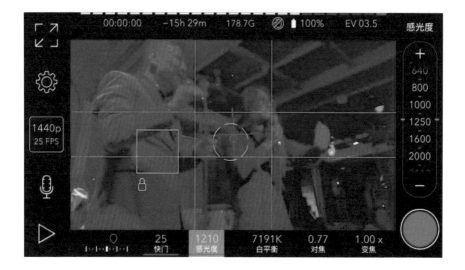

白平衡有8种模式可以选择。

这是手动调焦的由虚变实的演示视频。

可在"美篇"APP中观看。请下载安装"美篇"APP，搜索用户编号38937787（用户名为"看天下"），即可看到按篇章顺序排列的视频。

变焦有3种倍率。

可在"美篇"APP中观看。请下载安装"美篇"APP，搜索用户编号38937787（用户名为"看天下"），即可看到按篇章顺序排列的视频。

视频三倍变焦的演示。

用ProMovie拍摄的影片《威尼斯之夏》。

可在"美篇"APP中观看。请下载安装"美篇"APP，搜索用户编号38937787（用户名为"看天下"），即可看到按篇章顺序排列的视频。

ProMovie专业视频拍摄与剪辑软件具有很多专业功能，可以满足大部分专业人士的需求。当然每种工具都有优缺点，关键在于如何使用。

2．FiLMiC proV6的
认识与运用

　　FiLMiC专业版V6是应用于手机的最先进的摄影软件，前所未有。先进的功能以及最迅速响应的手动相机界面让FiLMiC专业版的能力大大提升，适用于iPhone、iPod或iPad。

2018年2月，陈可辛导演的3分钟经典小电影可以说瞬间占据了朋友圈和各大新闻媒体主页。手机本身自带的相机并不能完全胜任拍摄工作，但他使用的视频拍摄与剪辑软件正是FiLMiC专业版V6。

2011年，韩国名导朴赞郁用手机拍摄的30分钟短片《波澜万丈》在韩国院线上映，影片由80人的摄制组花费10天拍摄完成，总成本仅为86万元人民币。最终获得了柏林电影节短片竞赛单元的金熊奖。

可以看到，"便宜"是用手机拍电影的最大优势之一。2012年，曾获奥斯卡最佳纪录片的《寻找小糖人》也用手机拍摄了最后10%的内容，原因就是"经费紧张"。但导演马利克·本德耶卢表示，最后阶段用手机进行的拍摄与其他部分拍摄的效果"几乎一样好"。

2015年的圣丹斯电影节中，88分钟的长片《橘色》全片都使用手机拍摄，导演亦表示"是因为预算有限"。当然，即便预算有限，导演也不是拿一部手机裸机来拍摄的，同样运用了稳定器、变焦镜头适配器以及手机视频拍摄与剪辑软件等。

手机视频作品中，"讲故事"的重要性也很突出。朴赞郁的《波澜万丈》以非线性叙事呈现，讲述一名男子钓鱼亡故后，家人为其招魂，以了结家人和他自己心愿的故事。虽是30分钟短片，却是一个完整的电影化操作。肖恩·贝克作品《橘色》题材则更为新颖，讲述了在好莱坞不那么光鲜的角落里的变性工作者的生活。

FiLMiC proV6的界面与功能

1. 实时显示三种曝光区域及曝光、对焦锁定的区域。

2. 曝光光罩点击以锁定，红色为已锁定。

3. 对焦光罩点击以锁定，红色为已锁定。

4. 重新设计的放大栏让你能像用录影机般缩放影像。

5. 成像面板调整白平衡、色调（包括 LOG）及色彩偏值。

6. 点击手动模式开关以开启手动对焦／曝光功能。亦可从左边或右边的荧幕外划向荧幕内以显示或隐藏手动控制。

7. 实时数据选项开关。

8. 点击时间戳以转换不同光谱。在音讯栏上拖动以调整录音的音量大小。

9. 点击设定选项以查看所有主要选项的列表。

10. 影片库／播放器。

11. 拍摄按钮。

这个示意图实时显示第一种曝光过度的区域。

这个示意图实时显示第二种曝光过度的区域。

这个绿色示意图实时显示曝光正常的区域。

这个画面实时显示曝光、对焦锁定的区域。

点开右下方齿轮标志可以看到有15项设置的功能。

1. 在像素设置里，可以选择视频的像素高低。某些硬件（如iPhone 6/5/4）是不支持4K像素的。

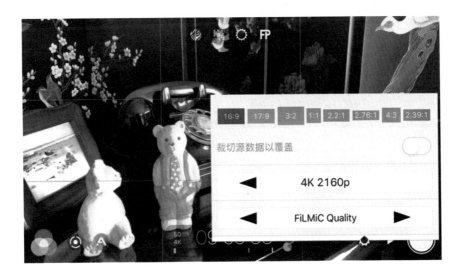

2．在帧速率选项里可选择每秒24—120帧速率拍摄。

帧数越高动作越细腻，细节越完美，一般正常情况下用30帧，如拍快速动态影像就会产生拖影。

但是开启高帧率模式确实会带来手机耗电快、发热的情况。帧数过高，也会造成视频占用容量变大，同时也会增加对显卡的要求。帧数越高，需要的配置就越高。

当然帧数越大，录制出来的视频文件也越大、越清晰。

3．音频选择格式：AAC

音频采样率：选择48 kHz

音频增益调节

支持音频格式：256 kbps AAC，16-bit PCM

支持的音频采样率：44.1 kHz，48 kHz

4. 打开"保存至相机胶卷"开关，这样你用FiLMiC拍的影片片段会自动保存至手机的视频媒体库内。

5. 在预设选项中，把当前的设置保存为预设。

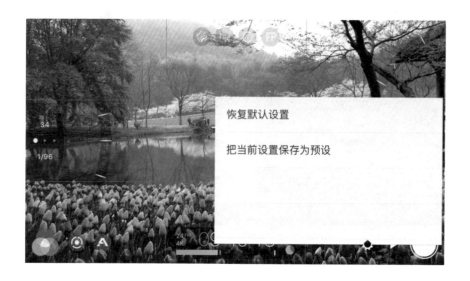

6. 在内容管理选项中，打开时间码跟踪、内容管理开关，输入制作、景象的名称。

7. 硬件设置，如果画面需要改为窄幅式风格，可以打开图像变形适配器开关。

8. 在FiLMiC选项里注册登录可以同步更新。

9．在社区选项里可以进入FiLMiC网站，都是英文的，如果懂英文那就没问题。

10．在概览选项里面，可以确认一下所选择的设置。

11. 在稳定化选项里选择"稳定化"。见第163页设置功能。

12. 在相机选项里可以选择镜头的视角：广角镜头、长焦镜头、缩放（变焦）及自拍镜头。

13. 在电筒选项里可以选择手机电筒光源的亮度。

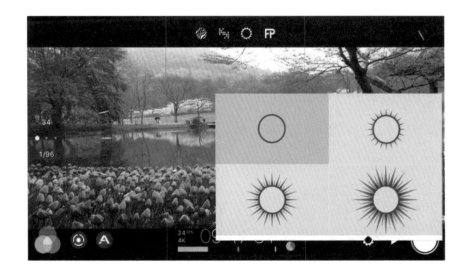

14．在指南选项里可打开九宫格线方便构图。

15．在信息选项有快速入门指南。

手动控制：对焦、曝光、缩放。

手动对焦及曝光控制是FiLMiC专业版V6的最新功能。其精心设计的弧形滑杆可让你精确操控。另外，实时数据亦可提供你在手动微调时所需的信息。

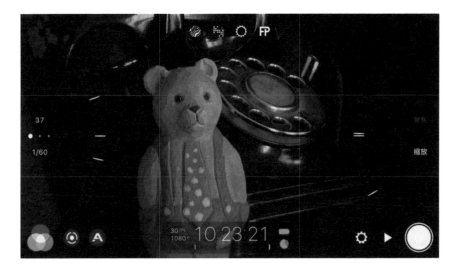

手动变焦演示

可在"美篇"APP中观看。请下载安装"美篇"APP，搜索用户编号38937787（用户名为"看天下"），即可看到按篇章顺序排列的视频。

　　两边滑杆皆能长按进行滑动选择。从左边或右边的荧幕外划向荧幕内以显示手动滑杆。最后，可以点击手动控制按钮以快速显示或隐藏弧形滑杆。

右边的滑杆可以选择低、中、高三种感光度。

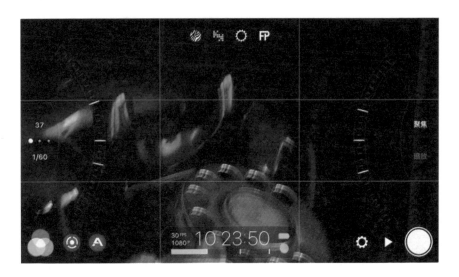

左边的滑杆可以选择手动对焦及变焦。

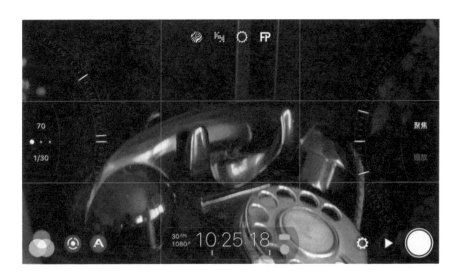

手动调焦演示

可在"美篇"APP中观看。请下载安装"美篇"APP，搜索用户编号38937787（用户名为"看天下"），即可看到按篇章顺序排列的视频。

手动曝光演示

可在"美篇"APP中观看。请下载安装"美篇"APP，搜索用户编号38937787（用户名为"看天下"），即可看到按篇章顺序排列的视频。

传感器大小可以说是决定成像质量的最重要因素。同时代的传感器，一般来说就是越大成像越好。那么手机传感器大小与相机相比会是什么情况呢？我们和比较小的相机传感器相比。1英寸传感器目前普遍用于高端卡片机内，边长是13.2 mm×8.8 mm。从这张图中可见，相机的传感器一般都比手机大很多。

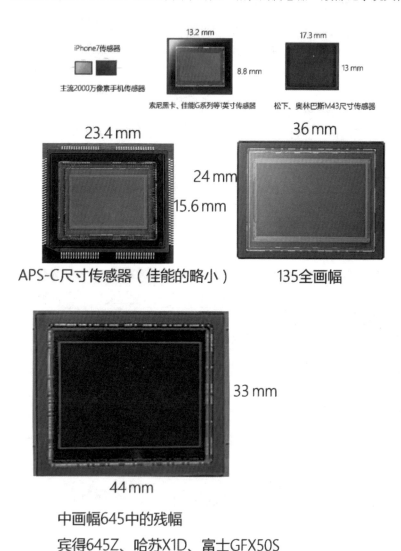

iPhone7传感器

主流2000万像素手机传感器

13.2 mm

8.8 mm

索尼黑卡、佳能G系列等1英寸传感器

17.3 mm

13 mm

松下、奥林巴斯M43尺寸传感器

23.4 mm

15.6 mm

APS-C尺寸传感器（佳能的略小）

36 mm

24 mm

135全画幅

33 mm

44 mm

中画幅645中的残幅

宾得645Z、哈苏X1D、富士GFX50S

与 FiLMiC 专业版相比，ProMovie 操作更简便，并且在像素上有更多的选择。ProMovie 界面设计简洁实用，所有拍摄数据一目了然……尤其是实时稳定水平仪对手持拍摄有很大的帮助。FiLMiC 专业版在拍摄数据如曝光、对焦等的显示方面更精准些。正所谓"尺有所短，寸有所长"，每种拍摄软件各有所长也各有所短，摄影师可根据自己的喜好，选择不同的拍摄软件。

3．Perfect Video的
认识与运用

Perfect Video 完美视频

新版本更新

1. 兼容iPhone X

2. 画中画视频添加透明度选项

请注意以下事项:

1. Perfect Video不会复制您的原始视频，只保存视频存储路径。因此，不用担心存储问题。另外，不要从相机或相册中删除那些仍要继续使用的原始视频。如果您删除了项目中正在使用的原始视频，是不能从Perfect Video中恢复原始视频的。

2. Perfect Video是基于iOS系统的视频编辑软件，非iPhone／iPad／iPod相机APP拍摄的视频，有可能导致导出项目失败。如果导出视频的时候出现无法解码的错误或者进度条不动，请检查并从项目中移除那些非iPhone／iPad／iPod相机产生的视频后再试。

Perfect Video软件功能

1. 水印：在视频中加上自己的标识。

2. 马赛克：将人物面部或一部分视频画面进行打码或模糊处理。

3. 画中画：将两个视频合并显示到一个画面。

4. 一次可以添加多个视频或照片，无须等待。

5. 视频方向：可以在设置界面中将影片方向设置为"横屏"或"竖屏"。

6. 创建正方形视频：在设置界面中将视频方向设置为"正方形"后，您可以为Instagram创建正方形视频。

7. 合并视频：可以将多个视频、照片或文字合并成一个视频。

8. 分割视频：用这个功能可以剪掉视频中任意部分，或复制视频，或加（减）速部分视频。

9. 修剪：剪掉视频两端不想要的画面。

10. 快/慢动作：在视频编辑界面中，可以调整视频的播放速度(0.25x—6x)。

11. 剪裁：照片和视频有四种可选剪裁模式 (缩小居中、扩大填充、正方形和自由缩放)，可以在设置界面中设置照片的默认剪裁模式。

12. 旋转：快速修正视频的方向。

13. 倒转：倒带播放影片。

14. 颜色调节：即时调节视频的色彩（明亮度、对比度、饱和度、色调等）。

15. 照片运动：设置照片的Ken Burns运动效果。

16. 复制：复制整个项目或单个视频片段。

17. 字幕：为视频添加文字或图片水印。

18. 音量调节：减弱或者增强声音(0—500%)。

19. 音乐：在预览界面中可以为影片添加多段背景音乐。对于每段音乐，都可以设置音乐的开始和结束位置。

20. 音效：内置多个音效供选择。

21. 过渡效果：内置多个过渡效果，可以在视频片段之间设置过渡效果。

22. 影片淡入淡出：可以设置影片的淡入淡出效果，在设置界面中打开淡入开始和淡出结束开关即可。

23. 节省存储：所有的视频只保存视频地址，不拷贝原始视频。因此，所有导入项目中的视频都不会额外占用存储空间。同时请注意，不要删除正在使用的原始视频，否则，项目会因为找不到原始视频而不能正常工作。

首先让我们观看用Perfect Video剪辑的视频。

字幕的动画效果及视频倒放、画中画等功能是Splice与Quik剪辑软件所没有的。

VK百男大秀花絮(上海站)

可在"美篇"APP中观看。请下载安装"美篇"APP，搜索用户编号38937787（用户名为"看天下"），即可看到按篇章顺序排列的视频。

1. 打开Perfect Video软件，先设置视频方向：可以在设置界面中将影片方向设置为"横屏"或"竖屏"，有5种选择。

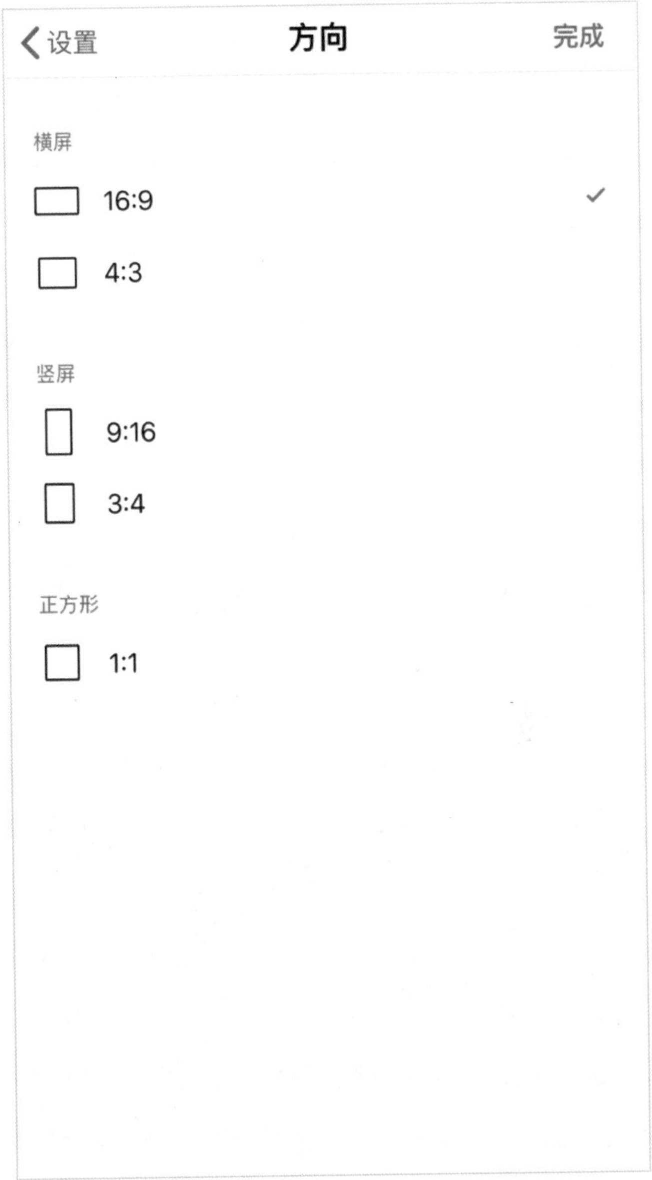

‹设置	**方向**	完成

横屏

☐ 16:9 ✓

☐ 4:3

竖屏

▯ 9:16

▯ 3:4

正方形

☐ 1:1

选择MOV

❮设置	**输出视频格式**	完成
MOV		✓
MP4		

选择30帧

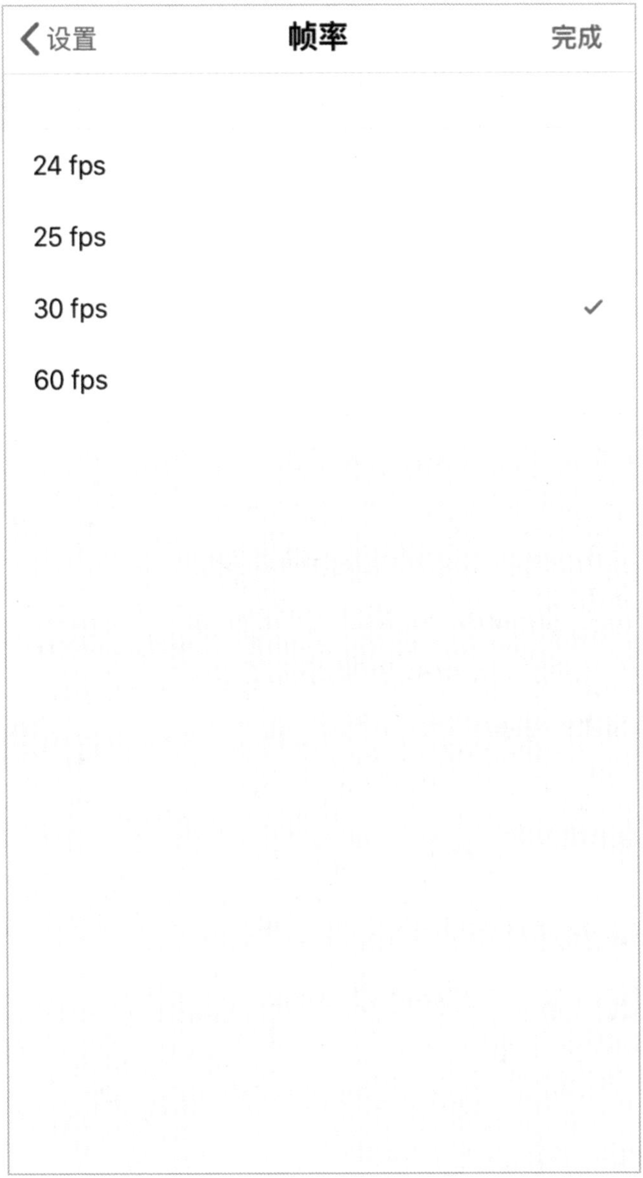

‹设置	**帧率**	完成

24 fps

25 fps

30 fps ✓

60 fps

2．一般来说，视频背景颜色选择为黑色。

3．视频选择淡入淡出。

4．转场效果共有27种可供随机选择，我个人喜欢选择叠化转场效果，当然根据视频特点可以选择其他转场效果。

5．输出视频格式有两种：MOV和MP4。

MOV即QuickTime影片格式，它是苹果公司开发的一种音频、视频文件格式，用于存储常用数字媒体类型，也可以说MOV是苹果公司发布的一款全新编码的视频格式。MOV格式可以用苹果系统的QuickTime软件进行播放。另外iPhone、iPad都支持自己的MOV格式播放。MP4格式是为移动终端设备而生的格式，MP4格式主要用在各种移动平台上，比如三星手机、iPhone、iPad，以及一些DVD设备。我偏好选择MOV格式，尽管文件大了一点。

6．帧率有24 fps、25 fps、30 fps、60 fps可选择，我一般选择30 fps。关于帧率在FiLMiC软件中已经详细介绍过了，这里不再重复。

7．水印：在视频中加上自己的标识。

设置
完成
项目
方向
横屏 (16:9)
视频背景颜色
视频淡入
视频淡出
转场效果
叠化 [0.5秒]
.MOV
输出视频格式
MOV
fps
帧率
30 fps
自定义水印
视频背景颜色
模糊

8．如果将视频与照片混剪，照片和视频有四种可选剪裁模式（缩小居中、扩大填充、正方形和自由缩放）。可以在设置界面中打开照片运动效果。

设置	完成

项目

▭	方向	横屏 (16:9) >
■	视频背景颜色	
▨	视频淡入	⬤
▨	视频淡出	⬤
▶◀	转场效果	叠化 [0.5秒]
.MOV	输出视频格式	MOV >
fps	帧率	30 fps >
Logo	自定义水印	>

照片

↗↙	剪裁模式	缩小居中 >
🕐	时长	5.0秒
▢	照片运动效果(Ken Burns)	◯

社交账号

▶	YouTube	

设置完成后，点击右上方的"+"输入剪辑项目的名称。

输入剪辑影片的项目名后，点击完成，进入下面的界面后，点击左下角的符号导入手机媒体库的视频素材。

进入Perfect Video剪辑页面。

点击画面进入编辑视频页面，共有13个选项：剪切、分割、字幕、显示、旋转、剪裁、视频倒放、变速、背景、色度键、马赛克、画中画、音量。（见下图与下页上图）

1. 剪切视频的长度。用手指拖动两端的黄色色块来剪切视频的长度，中间与右边有数字显示视频的时间，左右拖动时会显示该片段的时间变化，画面下方左右两端（-0.1，+0.1）是精确的对每一帧画面的剪切。

2. 分割视频。用这个功能可以剪掉视频中任意部分，或者复制视频，或加 (减) 速部分视频。

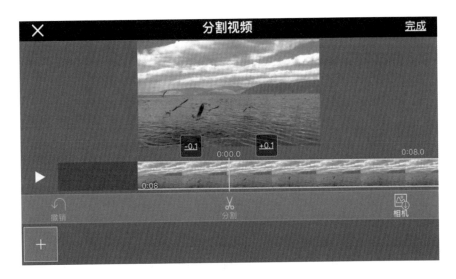

3. 字幕。可以为视频打上字幕，并在画面上设置字幕的开始时间与结束时间，在动画选择上可以选择15种字幕动画效果。

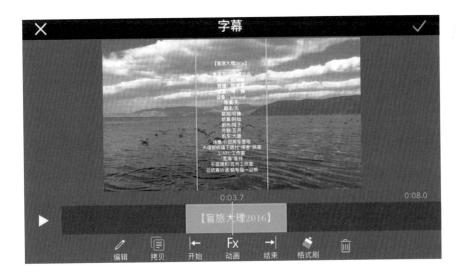

4. 显示。在这个选项里，我们可以对画面进行调色。亮度、对比度、饱和度、色相、曝光度、鲜艳度、色温等都可调整，这是VUE、iMovie、Quik、Splice等软件所没有的。

5. 旋转。快速调整视频的方向。

6．剪裁。有4种可选剪裁模式（缩小居中、扩大填充、正方形和自由缩放），可以在设置界面中设置照片及视频的默认剪裁模式。

7．视频倒放。倒带播放影片。这个功能很实用，很多素材可以反过来用，比如日出变日落、前进变倒退、跳下变跳上等。

8. 变速。可以调整视频的播放速度(0.25x-6x)，形成快/慢动作。

9. 背景。

背景的选项里有很多颜色可以选择，但我个人一般喜欢选择黑色，特殊需要另当别论。

10. 色度键。可以对图像进行色彩的抠像处理。这种抠像方法在虚拟演播室、虚拟背景的合成方面非常有用。色度键的原理是通过对视频颜色的处理来达到抠像效果。

11. 马赛克。将人物面部或一部分视频画面进行打码或模糊处理。

12. 画中画。将两个视频合并显示到一个画面。一次可以添加多个视频或照片，无须等待。

13. 音量调节。可减弱或者增强视频声音(0 — 500%)。

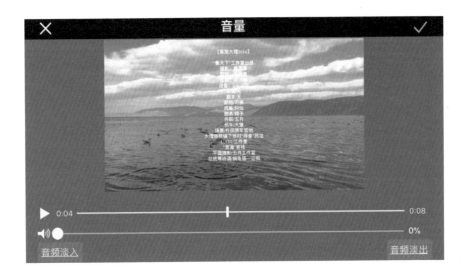

所有剪辑完成后，点击右上角的"下一步"预览影片。

点击预览界面左下角的音乐符号，为影片配上合适的音乐。

音乐：Perfect Video剪辑软件自带的音乐有11首。

〈更多	音乐 取消

- ♫ Butchers
- ♫ Hero_Theme_Sting
- ♫ Hot_Heat
- ♫ In_the_Land_of_Rhino...
- ♫ Jack_in_the_Box
- ♫ Road_to_Moscow
- ♫ Runnin_Partner
- ♫ Space_Coast
- ♫ The_Engagement
- ♫ Tuesday_Dub
- ♫ Wedding_Invitation

播放列表　表演者　歌曲　专辑　更多

也可以下载适合影片的音乐文件，然后共享至Perfect Video剪辑软件里面使用，注意：如果该音乐文件有版权保护，那么最后是无法导出影片的。

在音效文件里面为影片配上合适的音效，如摩托车发动机声、汽车引擎声、电话铃声等。

音效：共有30种音效可供选择。

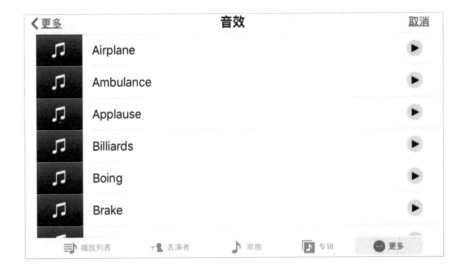

在画面片段里有个录音话筒的符号，可以为片段配上画外音。

完成后，点击右上角的"保存"。

导出大小最高为1080p高清视频。如果你的硬件拍摄支持4K超清，界面则会显示更多的选择。最后导出的影片保存在手机的相册里。

　　这段MV是基于手机拍摄的素材，用Perfect Video剪辑完成的。

MV《桃花镇》

可在"美篇"APP中观看。请下载安装"美篇"APP，搜索用户编号38937787（用户名为"看天下"），即可看到按篇章顺序排列的视频。

Perfect Video剪辑软件具有很多专业功能，可以满足大部分专业人士的需求。当然每种工具都有优缺点，关键在于怎么使用。

附 录

摄影、编辑经历

陈学章

从黑白摄影、彩色摄影、数码摄影到智能手机摄影。

中国第一个在欧洲举办以西湖为主题的个人影展的摄影师。

浙江摄影艺术学会

简 介

摄影师、「手摄」品牌联合创始人、美术编辑、策展人、中国摄影家协会会员、浙江省摄影艺术学会理事、杭州古都文化研究会理事、「搜狐」新闻频道入驻媒体人、《今日头条》认证入驻媒体人。

2006年《明清帐钩鉴赏》荣获第十五届浙江树人出版奖提名奖。2007年编辑作品《明清木雕鉴赏》在第十六届优秀美术图书「金牛奖」评奖中被评为二等奖。2007年编辑作品《明清帐钩鉴赏》在第十六届优秀美术图书「金牛奖」评奖中被评为一等奖。2010年编辑作品《中国美术家人名辞典》精品选系列在第十九届优秀美术图书「金牛杯」评奖中被评为铜奖。擅长拍摄人物、风光、静物、建筑等。2003年10月19日西湖博览会南山路艺术文化展示周期间，在恒庐茗画苑举办个人影展「印象·西湖」。有四十六件作品被上城区政府收藏。

2001年涉足人体摄影，出版专著有：2001年云南美术出版社《人体·自然·艺术》、2002年浙江摄影出版社《艺用人体造型》、2003年西泠印社出版社《人体彩色艺术》《美丽姿态》、2004年西泠印社出版社《美丽姿态》、2009年浙江人民美术出版社《印象·西湖》摄影画册。

2011年受德国柏林市亚太艺术周组委会邀请，在德国国家图书馆举办「人类与大自然和谐」摄影展。2012年受德国波茨坦市政府邀请在市政厅举办「世界文化遗产·杭州西湖」摄影展。2013年9月在德国柏林市北方银行总部举办「世界自然文化遗产——西湖」摄影展。2012年致力于手机影像载体实践与探索，拍过多部手机影片。2015年《印象·西湖》摄影作品被选入教科书《美术》八年级下册第四课《美丽的西湖》。2018年浙江摄影出版社出版中国首部介绍手机视频拍摄与制作的图书《我的视频我做主》。

一个摄影师与西湖的八个故事

一、2003年10月19日，西湖博览会恒庐画廊举办「印象·西湖」摄影展

二、2006年第四期《大众摄影》刊登文章《用617相机拍西湖》

三、2009年9月，浙江人民美术出版社出版《印象·西湖——陈学章眼中的西湖》摄影集

四、2011年6月18日，西湖主题电视纪录片《印象·陈学章》首映式

五、2012年8月24日，受邀在德国波茨坦市政府举办「世界自然文化遗产——西湖」摄影展

六、2013年9月，在德国柏林市北方银行总部举办「世界自然文化遗产——西湖」摄影展

七、2015年，《印象·西湖》摄影作品被选入教科书《美术》八年级下册第四课《美丽的西湖》

八、2016年10月27日，《抱青风雅夜·文化分享会》西湖摄影讲座《我的看法》

西泠印社执行社长刘江先生签到

中国美术学院教授王冬龄先生签到

杭州市上城区有关领导签到

浙江卫视著名主持人王林主持开幕式，右起为王冬龄、潘鸿海、刘江、吴天行、陈新成及上城区政协主席杨全岁等领导。

2006年第四期《大众摄影》刊登文章《用617相机拍西湖》

2010年2月电视片《印象·陈学章》开拍

2009年9月，浙江人民美术出版社出版《印象·西湖——陈学章眼中的西湖》

波茨坦市政府向陈学章颁发荣誉证书。右起：杭州风景名胜区文化局局长童国亮、陈学章、波茨坦市市长玛多斯基、勃兰登堡州艺术家协会主席格林

电视纪录片《印象·陈学章》

可在"美篇"APP中观看。请下载安装"美篇"APP，搜索用户编号38937787（用户名为"看天下"），即可看到按篇章顺序排列的视频。

2013年9月，在德国柏林市北方银行总部举办"世界自然文化遗产——西湖"摄影展

作品入选教科书《美术》八年级下册
第四课《美丽的西湖》荣誉证书

2015年摄影作品被选入教科书《美术》

《抱青风雅夜·文化分享会》
西湖摄影讲座《我的看法》

从风光摄影走进黑白人文摄影

柏林亚太文化艺术周主会场

应德国柏林亚太文化周组委会邀请，陈学章于2011年9月9日在柏林州立中心图书馆(老国家图书馆)举行名为"人类与大自然和谐"的主题摄影展。展览是柏林2011年亚太文化周的一部分，并获得了柏林市长办公室的资助。

柏林国家图书馆展览部部长巴特尔

展期为2011年9月10日至2011年11月9日。柏林亚太文化周为欧洲地区规模最大的以亚洲为主题的文化活动，由柏林市政府主办，每两年一次，组织200多项活动，内容涉及政治、文化、科学等各个领域。9月6日柏林时间中午11时在柏林市音乐馆开幕。柏林市市长、东盟秘书长、日本驻德国大使分别讲话。人民日报社驻德国分社社长刘华新先生亲自担任德语翻译，并报道该展览的消息。新华网、中国日报网、雅昌艺术网、新浪网、中国收藏网等国内各大网站转载该消息。

柏林亚太文化艺术周展览现场，时任人民日报社德国分社社长刘华新现场翻译讲解。

　　展览作品大部分用大画幅黑白胶片拍摄，内容表现的是中国明清古建筑与中国西北及云贵地区少数民族。作品富有质感、层次细腻、影调丰富，充分表现了对人与自然的关系、人与社会的关系的反思。作品展现了从人类受制于自然，人与自然互虐到人类尊重自然、保护自然、反对污染的过程，充分体现了一个摄影人的社会责任感和历史使命感。

2012年尝试手机拍视频的实践与探索

《遇见不同的自己》手机电影是以旅行中发生的故事为主题随机拍摄的，没有编剧，没有导演，没有专业演员，没有专业设备。故事讲述皆是旅行中发生的事，拍摄者无法预料下一个故事在什么时候发生，所以在后期的手机剪辑中投入了很大的精力和时间成本。但是手机拍摄的快捷、方便、低成本的优势是显而易见的！而且手机的1080p的高清画质足以满足各种自媒体平台及网络平台的播放要求。在表现场景、戏剧冲突、记录即兴表演、精彩的对话等方面，手机拍摄有着巨大的发挥空间与潜力。陈学章正努力尝试、探索手机电影的拍摄与制作。

图为独立作家野哥在观看影片《遇见不同的自己》，他说这个男主角有点面熟……

《遇见不同的自己》

可在"美篇"APP中观看。请下载安装"美篇"APP，搜索用户编号38937787（用户名为"看天下"），即可看到按篇章顺序排列的视频。

MV《快乐就好》

可在"美篇"APP中观看。请下载安装"美篇"APP，搜索用户编号38937787（用户名为"看天下"），即可看到按篇章顺序排列的视频。

鸣 谢

共 享 , 协 作 , 连 接 , 互 助

责任编辑 程　禾
文字编辑 谢晓天
装帧设计 毛德宝
责任校对 高余朵
责任印制 朱圣学

图书在版编目（CIP）数据

我的视频我做主：手机视频拍摄与制作 / 陈学章著
. -- 杭州：浙江摄影出版社, 2018.8（2023.1 重印）
    ISBN 978-7-5514-2220-8

Ⅰ.①我… Ⅱ.①陈… Ⅲ.①移动电话机—视频编辑
软件 Ⅳ.①TN929.53②TN94

中国版本图书馆CIP数据核字(2018)第133890号

WO DE SHIPIN WO ZUOZHU
SHOUJI SHIPIN PAISHE YU ZHIZUO

我的视频我做主
手机视频拍摄与制作

陈学章 著

全国百佳图书出版单位
浙江摄影出版社出版发行
　　　地址：杭州市体育场路347号
　　　邮编：310006
　　　电话：0571-85142991
网址：www.photo.zjcb.com
制版：杭州龙象广告有限公司
印刷：廊坊市印艺阁数字科技有限公司
开本：889 mm×1194 mm 1/32
印张：7
2018年8月第1版　2023年1月第2次印刷
ISBN 978-7-5514-2220-8
定价：58.00元